科学のとびら54

宇宙から細胞まで

最先端研究の現状と将来

武田計測先端知財団 編

東京化学同人

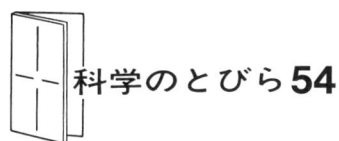

まえがき

武田計測先端知財団では、世界の生活者の富と豊かさを増大させる科学技術とアントレプレナーシップ（起業家精神）の発展の中から、大きなテーマを選び、シンポジウムを開催しています。

近年の科学技術は、単一の領域に限られることなく、多くの分野が関連する、大変複雑なシステムになっています。このような複雑なシステムの解明と理解には、理論モデルをつくり、細かく解析するだけではなく、いろいろな方面からのアプローチが有効だと考えています。

従来の要素分析的な見方を変えて、一昨年は「ゆらぎ」、昨年は「自己組織化」、今回は「つくって理解」をシンポジウムのテーマとしました。いずれも、複雑なシステムに対するさまざまなアプローチを背景にしています。「つくって理解」というテーマに沿った最先端研究の中から、「最高エネルギー加速器で宇宙の初めにせまる」、「生命・細胞をつくる」、「細胞シート再生医療」の三つを選びました。

こういうものが欲しいと考えたときに、手持ちの知識、技術で実現できるとは限りません。むしろ、足りないことがたくさんあって、そういう部分を一つ一つ解決してゆくことで、欲しいものを実現できます。

「つくる」ことができれば、複雑なシステムを理解できます。また、つくったものを実際に「使う」ことによって、使うときの問題点が明らかになります。「使う」ときの問題点を解決することは、社会にとって有用なものをつくり出すためには必ず通らなければならない道です。

組織や臓器も細胞シートからつくってみれば、組織や臓器が受精卵という一個の細胞からどうして今あるもののようにできてくるのかがわかる。生命や細胞も自然とは違うやり方でしかできないとしても、つくることで、生命や細胞とはどういうものかがわかる。宇宙の初めは見ることも観測することもできないから、それに近いものをつくれたら宇宙のことがわかる。そんな期待が今回のテーマにはかかっています。

本書は、「武田シンポジウム２０１３　つくって理解―宇宙から細胞まで―」の三人の演者が、講演を基に書き下ろしたものです。皆様の日常をより豊かにしてゆくためのアプローチについて、一緒に考えてゆきたいと思います。

二〇一三年十月

一般財団法人　武田計測先端知財団
理事長　唐　津　治　夢

目次

プロローグ

自然科学の研究には、究極の知の探究と、それらの知見を人間社会に役立つ形に応用する技術開発の側面とがあります。知りたいという純粋な想いと、生活を豊かにしたいという欲求は、どちらもが現在に至るまで科学を発展させる推進力として不可欠なものでした。

本書は、特に「つくる（合成する）科学」に焦点を当てていますが、その中にも、すぐ役に立つかどうかわからないけれど、まず知るということと、人類の生活を豊かにすることの二つ流れが存在します。前者は、研究対象を理解するために、対象とする系を人工的に再現して（つくって）みるという考え方です。つまり自然に存在する物質や反応系、果ては生物までを人工的に再構築することで、その系を徹底的に調べるのが目的です。後者は、人や社会にとって有益なものをつくり出すことを目標としており、治療法の開発や有用物質の生産など、基礎研究にとどまることなく応用を重視した研究です。

これら二つの「つくる」ことの意義に沿って、物理、生物分野の最先端研究のなかから、三つの研究課題を取上げます。

第1章

高エネルギー加速器により宇宙の初期状態を擬似的につくり出して、宇宙を構成する素粒子の存在や性質について観測することができます。この手法で、二〇一二年七月に、素粒子に質量を与える機構としてその存在が仮定されていた「ヒッグス粒子」の痕跡が発見され、大きな話題を呼びました。第1章では、直接手に取ることのできない初期宇宙を擬似宇宙作成によって観測するための実験手法から、これまで明らかにされてきた各素粒子の性質、ヒッグス粒子の発見に至るまでを概説します。

ヒッグス機構がなければ私たちを構成する素粒子は質量をもたないことになってしまいますが、長い間ヒッグス粒子を観測できず、その存在を実験的に証明することができませんでした。それが今回、高エネルギー加速器による陽子どうしの衝突実験により、ヒッグス粒子が生成されたことが確認されたのです。この発見により、ヒッグス粒子の提唱者P・ヒッグスとF・アングレールは、二〇一三年ノーベル物理学賞を受賞しました。

第2章

生物は、セントラルドグマのような、全生物に共通の仕組みを利用しています。一般に、種間に保存された性質は生命に重要であると考えられていますが、それが唯一絶対の仕組みであるとは限りません。第2章では、数理モデルによるシミュレーションや遺伝子工学の手法を通じて、この共通性から外れた生体分子や生物をつくり出し、生命に必須の仕組みを探る方法を紹介します。

生命全体の共通点として知られている、DNA鎖上の四種類の塩基の並びを遺伝暗号とすることや、この暗号が指定する二十種類のアミノ酸を利用してタンパク質をつくることが、生物にとって唯一の選択肢ではないかもしれない。それ以外の可能性を求めながら細胞を人工的に「つくる」ことで、生命の本質を知ろうとするのが「生命・細胞をつくる」研究です。

第3章

昨今、再生医療の分野では、iPS細胞を特定の臓器の体性幹細胞にするという研究が行われていますが、がん化の危険性など、解決すべき課題もまだ多く存在します。また、解決したとしても、iPS細胞をただ患者の体内に注射したのでは組織は再生されません。

第3章で述べる「細胞シート」は、患者への細胞移植を可能にする技術です。シート状に培養した患者本人の細胞を酵素処理することなく、温度変化のみで培養表面から剝離して使うことによって、移植先臓器へ細胞を生着させることが可能で、拒絶反応もありません。再生したい組織に合わせた体性幹細胞を採取して細胞シートをつくり、障害を受けた臓器に移植すれば、その組織を再生させることができます。

「細胞シート再生医療」は、すでに臨床においても角膜再生や、重症の心不全の心臓への筋芽細胞シート移植治療などの実績があり、治らないとされていた数々の病の克服につながる、まさに「人類に役立つ」世界初・日本発の治療技術です。

第1章　最高エネルギー加速器で宇宙の初めにせまる

小林富雄

万物は、クォークとレプトンとよばれる素粒子からできています。これら物質を構成する素粒子の間には、四種類の力（重力、電磁気力、強い力、弱い力）が働いており、それぞれの力の媒介素粒子のやりとりによって生じています。また、素粒子はそれぞれ固有の質量をもっています。どのようにして素粒子がそれぞれに異なる質量を得たのかを説明する機構として、ヒッグス粒子の存在が提唱されていました。そしてついに二〇一二年、世界一の高エネルギー加速器により、ヒッグス粒子が観測されたのです。この発見は質量の起源解明などへの足掛かりになると期待されています。

1　はじめに

本書のテーマは「つくって理解」です。「宇宙」を単に観測するだけではなく、宇宙の初期の状態をつくって、それを観測することで、宇宙の仕組みを理解することが可能になってきました。

本章では、はじめに宇宙の起原、その後の発展とそれに関連して素粒子の役割について述べ、つぎに擬似宇宙をつくるための加速器やその観測実験システムについて説明します。最後にそれらの結果をふまえて、宇宙の始まり、素粒子の標準モデル、そして先ごろ実験結果が発表されて話題になっているヒッグス粒子と質量の起源、そして今後に残された問題点についてふれたいと思います。

2　宇宙の歴史

宇宙は百三十七億年前に誕生したということはご存知のことと思います。宇宙の始めは小さな超高温の火の玉で、ビッグバンとよばれる大爆発によってどんどん膨張し、それに伴って温度が急激に下がり、現在のような宇宙ができあがったのです。図１・１に宇宙の歴史を示しました。

現在から過去を振り返ってみますと、私たち人間の祖先が地球上に現れたのは約四百万年前です。さらにすべての生物の始めといえる原始生命が誕生したのは約四十億年前になります。太陽系の形成とともに地球が誕生したのは四十六億年前で、宇宙誕生の百三十七億年前に比べて比較的新しいということになります。

この宇宙で最初の星ができたのは、百三十億年くらい前で、宇宙ができて数億から十億年してファーストスター（第一世代の星）が誕生したことになります。この第一世代の星や銀河は水素（H）やヘリウム（He）を多く含み、原子番号が26の鉄（Fe）までの比較的軽い元素で構成されたもので

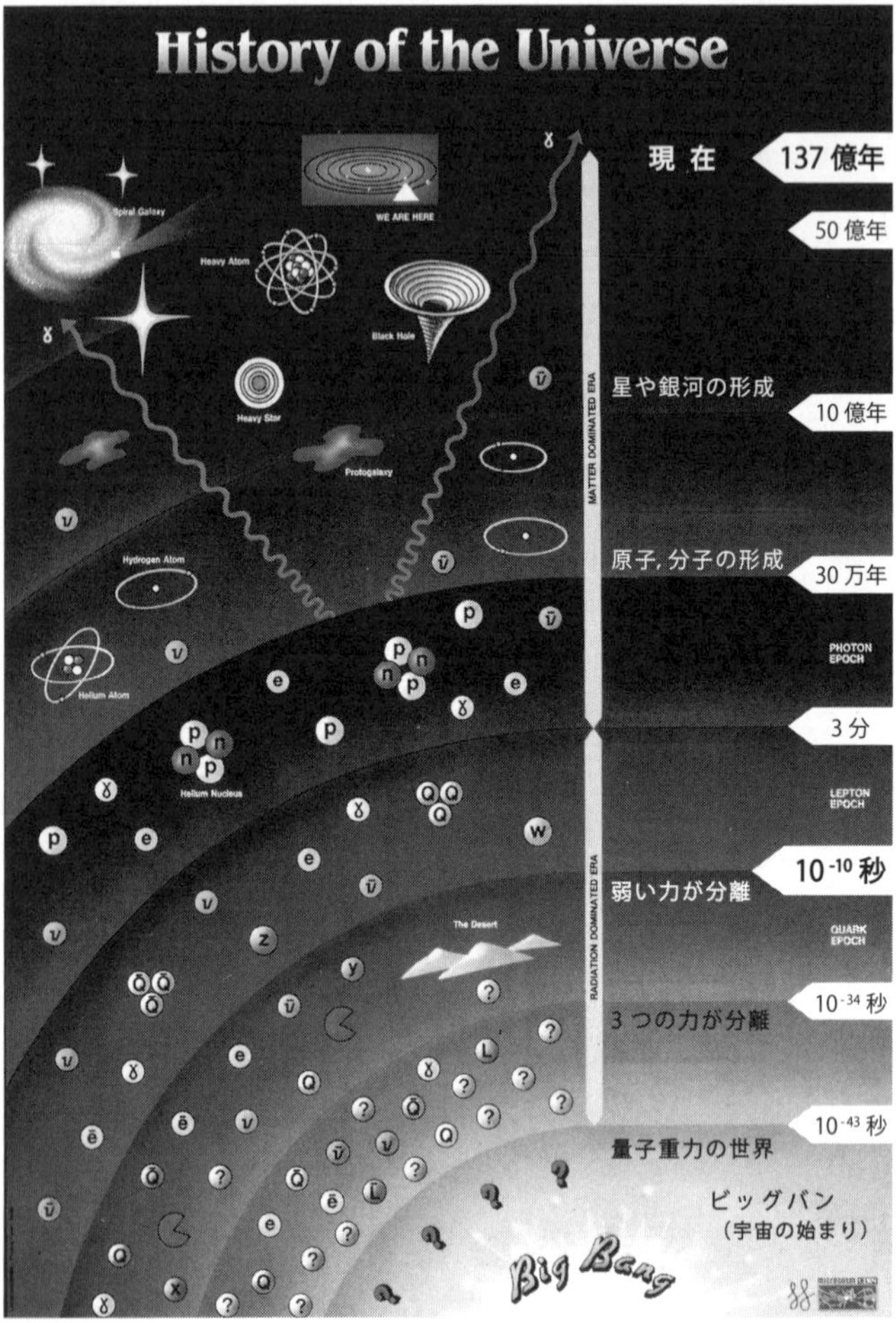

図1・1　宇宙の歴史　出典：CERN

した。その後、これらの星は互いに衝突を繰返し、巨大化し、超新星爆発によって私たちの体の基となるすべての元素を始め、原子番号が92のウラン（U）までの元素ができあがりました。太陽系および地球は、その後約八十億年を経過してそれらのかけらが集まってできたものだということがわかっています。

さらに遡《さかのぼ》って、宇宙が始まってから三十八万年後には、原子核と電子が激しく動き回っているプラズマ状態であったものが、水素を始め、重水素（D）、ヘリウム、リチウム（Li）などの軽い原子や分子を形づくるようになりました。プラズマ状態で閉じ込められていた光が外に放出されるようになり、宇宙全体が見渡せる、いわゆる「宇宙の晴れ上がり」状態になったのです。

宇宙誕生直後からの三分間は、ワインバーグの有名な本“The First Three Minutes”にあるように、すべての物質の基が生み出されました。超高温の宇宙は急激な膨張を起こしながら冷えていき、その中で、物質の基となる素粒子のうち「クォーク」が生成され、それが集まって陽子や中性子がつくられました。さらにこれらが集まって、元素の中で最も軽い、水素やヘリウムの原子核がつぎつぎと生み出されました。このとき生まれた原子核は、総数の九二％が水素原子核、残り八％がヘリウム原子核でした(注１)。

（注１）宇宙図２０１３国立天文台（http://www.nao.ac.jp/study/uchuzu/univ02.html）

図1・1に示したように、10^{-43}秒後に量子重力の世界が現れ、重力が発生し、10^{-34}秒後に強い力、弱い力が分離し、「クォーク」を主体とする世界になります。そして一〇〇ピコ秒後（一ピコ秒は10^{-12}秒）に弱い相互作用が分離し、原子核が生成される期間に移行しますが、まさにこのタイミングがこれから詳しく説明する世界になります。

二〇一二年七月四日、欧州のＣＥＲＮ研究所(注2)がプレス発表を行い、「ヒッグスボソンとみられる粒子をＣＥＲＮの実験で発見」と述べたのに基づき、新聞各社は「ヒッグス粒子発見か」とか、「ヒッグス粒子か、発見」という断定ではなく、少し曖昧さを残したかたちながらも、はっきりした実験結果が得られたと報道しました。

ヒッグス粒子については、後ほど詳しく話しますが、新聞報道では「万物に質量与えた『神の粒子』」と掲載されています。万物に質量を与えるとはどういうことなのかを説明するために、万物とはいかなるものから成り立っているか、から説明する必要があります。

3　物質の最小単位

究極の粒子の探索

すべての物質はさまざまな原子から成る分子でできています。自然界には水素からウランまで九十二種類の元素があるということはわかっています。一八六九年ロシアのドミトリー・メンデレーエフ（Dmitij I. Mendelev，一八三四－一九〇七）によって周期表が提案され、元素のさまざまな性質が特徴づけられてきています。原子は、語源がギリシャ語のアトムで「もう分けられない」という意味なので究極の粒子であるとも思われたのですが、あまりにも多くの種類があることから、より基本的な構造があるに違いないと考えられるようになったのです。

原子を観察すると、電子が飛び出してくることがみられます。一九一一年に、アーネスト・ラザフォード（Ernest Rutherford，一八七一－一九三七）が金箔にα線を照射し、その散乱角度などから非常に狭い領域に、非常に重い核が存在することを明らかにし（注３）、これが原子核の発見になりました。これらの事実から原子の内部は、正電荷をもつ原子核を負電荷をもつ電子が雲のように取囲んでいるということがわかってきました。原子核は単純ではあるが構造をもっていて、正の電荷をもった陽子と、それとほぼ同じ質量で、電荷をもたない中性子という素粒子の集合体だというこ

（注２）欧州原子核研究機構。ＣＥＲＮという名称は、開設準備のために設けられた組織、欧州原子核研究評議会（Conseil Européen pour la Recherche Nucléaire）に由来する。

（注３）http://www.geocities.jp/hiroyuki0620785/k0dennsikotai/30c2ruthford.htm

とがわかってきました。

原子の構造

原子の種類が百近くあるというのは、原子核の陽子の数でそれぞれの元素の性質が決まっているからです。一番軽い元素である水素は、陽子一個と電子一個が組合わさったものです。つぎに単純なヘリウムは二個の陽子と二個の中性子そして二個の電子から成り立っています。リチウム、ベリリウム（Be）と原子量が大きくなるにしたがって、陽子と中性子の数が増えていき、自然界に存在する一番重い元素であるウランは原子番号が92、つまり陽子が九十二個あり、ほぼ同数の中性子を伴い、電気的中性を満たすように九十二個の電子が原子核を取囲んだ状態であることが明らかになりました。以上のことから、自然界の万物は何からできているかという問いに対して、五十年くらい前の答えは非常に単純で、陽子と中性子そして電子、これですべてのものができているという

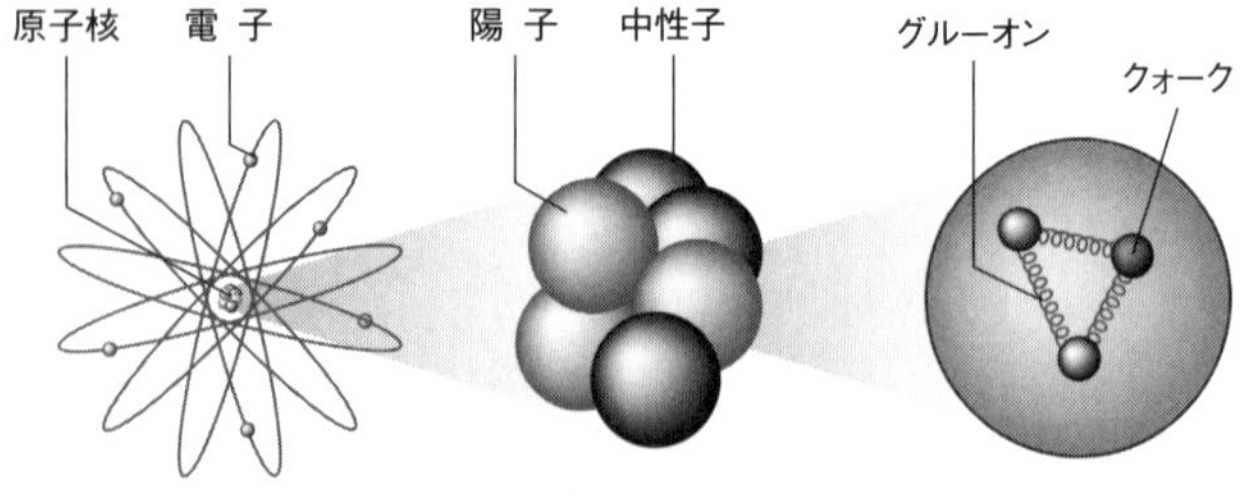

図 1・2　原子，原子核，陽子の階層構造

ものでした。

素粒子の発見

しかし、研究者はその後、本当にこれらが究極の素粒子なのだろうかとさまざまな研究を始めました。陽子と中性子は大きさをもっているので、これを強い力で壊してみようという研究が行われ、その結果、「クォーク」という小さな硬い粒子でできていて、それをグルーオンという、膠《にかわ》のような粒子が、ぎゅっとくっつけているということがだんだんとわかってきました。図１・２に原子、原子核、陽子の階層構造を示しました。現在ではクォーク、グルーオンそして電子も素粒子であるということがわかってきました。

4　素粒子の標準モデル

素粒子物理で現在最も合理的であると考えられている到達点が、素粒子の標準モデルとよばれるものです。この標準モデルは三つの柱から成っています。

一番目の柱が、物質を構成する基本粒子のクォークとレプトンです。クォークは陽子や中性子を構成する粒子で、全部で六種類存在することが知られています。レプトンは、電子やニュートリノの仲間の粒子で、「強い力」が働かない粒子です。

二番目の柱が、物質の基本粒子の間に働く力（相互作用）をどう理解するかということです。標準モデルでは、力は、ゲージ粒子とよばれる素粒子を交換することによって生じると理解されます。たとえば、光子（γ）が交換されることによって、「電磁力」が働きます。グルーオン（g）はクォークのみに働く「強い力」の媒介粒子で、ZとW粒子は原子核がβ（ベータ）崩壊するときなどに働く「弱い力」を媒介する粒子です。これらは、ゲージ理論という理論的枠組みによって記述されています。

三番目の柱が、素粒子に質量を与えるヒッグス機構です。もともと素粒子は質量0であったのが、ヒッグス場の働きによって真空の対称性が破れ、その結

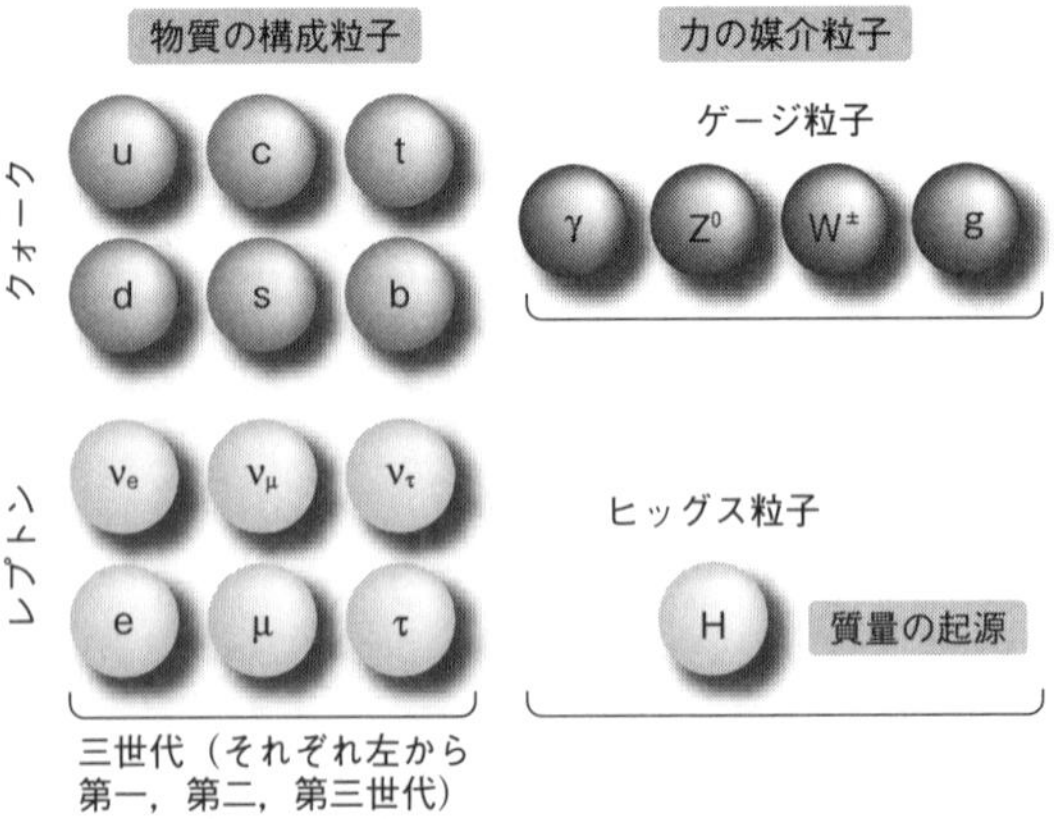

図1・3　素粒子の標準モデル

果、素粒子に質量が与えられるという機構です。最近ＬＨＣで発見された粒子がヒッグス粒子と確定されれば、素粒子の標準理論は完結することになります。図１・３に素粒子の標準モデルを示しました。

5　物質を構成する素粒子

クォーク

クォークは六種類ありますが、アップクォーク（u）とダウンクォーク（d）が第一世代とよばれ、安定していて常に存在します。チャームクォーク（c）とストレンジクォーク（s）は第二世代、トップクォーク（t）とボトムクォーク（b）は第三世代とよばれ、bは一九七七年、tは一九九五年に発見されました。これらは宇宙線や粒子加速器の中で起こる高エネルギー衝突の中でのみ生成され、短時間で第一世代のクォークに安定化します。

陽子はu、u、dの三つのクォークから成り、中性子はu、d、dの三つのクォークから成る、非常に簡単な構造をしています。uは$+2/3$の電荷をもち、dは$-1/3$の電荷をもっていると考えるとすべてがうまく説明できます。陽子はクォークの電荷が$2/3$、$2/3$、$-1/3$で合計$+1$になり、中性子はクォークの電荷が$\frac{2}{3}$、$-\frac{1}{3}$、$-\frac{1}{3}$で合計0になっています。中性子のdの一つがuに変わると陽子になりますが、これがいわゆるβ崩壊といわれる現象です。したがって万物は何でできているかというのは、非常に単純で二種類のクォーク（uとd）と電子から成り立っているということになります。

レプトン

図1・3に示したように、素粒子の中にレプトンとよばれる粒子があります。これは電荷をもったレプトン（荷電レプトン）と中性のニュートリノに分かれます。荷電レプトンの中では電子が第一世代で安定していて、すべての物質に欠かせないものです。第二世代はミュー粒子（μ）があり、電子の二百倍の質量をもち、寿命が二マイクロ秒（一マイクロ秒は10^{-6}秒）と短いものです。この粒子は今から八十年ぐらい前（一九三六年）に宇宙線の中に見つかりミューオンともよばれました。宇宙線というのは八〇%から九〇%が陽子ですが、それが加速されて地球に降ってきます。すると地球の大気の上の方で空気の原子核とぶつかり、反応を起こし、ミューオンという粒子になって地上に届きます。今でも私たちの体を雨のように突き抜けています。大体一〇センチメートル四方で毎秒一個ぐらいの割合でずばずばと通り抜けています。第三世代のタウ粒子（τ）というのも見つかっています。

中性レプトンとしては、第一世代の電子ニュートリノ（ν_e）、第二世代のミューニュートリノ（ν_μ）、第三世代のタウニュートリノ（ν_τ）があります（図1・3）。これらはほとんど物質と相互作用しないので、地球なども簡単に突き抜けてしまって、非常に見つけにくいのですが、質量が0ではなく、ごくわずかな値をもっています。

素粒子の世代

今では数多くの素粒子があることがわかり、全部で十二個もあります。これらは世代によって区別されていて、第一世代はuクォーク、dクォーク、電子および電子ニュートリノの四つで一組です。これらは安定で、すべての物質の構成要素になります。第二世代はcクォーク、sクォーク、ミュー粒子（μ）およびミューニュートリノが組になっており、第三世代はtクォーク、bクォーク、タウ粒子（τ）およびタウニュートリノの組になっています。素粒子は三世代以上はないということですが、なぜ三世代以上はないのかということは説明できていません。宇宙の創成の直後にはすべての素粒子が存在していたのですが、第三世代は質量が重く、寿命が短いため、短時間で第二世代、第一世代へと、軽くて、安定な素粒子に変換されていき、最終的には第一世代の四つの素粒子が安定に存在します。そしてすべての物質はuクォーク、dクォーク、そして電子、つまり陽子と中性子が結合した原子核と電子から成り立っているということなのです。

6　力を媒介する素粒子

物質の構成粒子間に働く四種類の力

素粒子の標準モデルでは、物質を構成する基本粒子の間に働く、相互作用を及ぼすものとして力の媒介粒子というものがあります。この力には四種類あります。最もなじみのある力は「重力」です。これは古典力学で、ニュートンの万有引力として物質間に働く力です。この重力を媒介する粒子は未だ見つかっておらず、「グラビトン」という粒子があるのではないかと言われています。二つ目の力も、私たちになじみのある「電磁気力」です。プラスとマイナスの電荷をもったもの同士は引合い、同種の電荷同士では反発します。また磁石のN極とS極は互いに引合い、同じ極同士では反発します。元素が安定に存在しているのも、正の電荷の原子核と負の電荷の電子が電磁気力で引合うからなのです。この電磁気力を媒介する粒子は光子（γ）ですが、この作用については後で説明します。

核力――強い力と弱い力

四つの力の残り二つは、原子核に関係した力で核力というものです。原子核の陽子と中性子を強く結びつけていますが、それらを強く結びつけている力の存在で、安定しています。陽子や中性子はクォーク三つでできていますが、それらを強く結びつけている力の存在で、安定しています。その力を「強い力」とよびます。

核力にはもう一種類あり、それは「弱い力」とよばれています。原子核は永久に変化しないものではなく、一定の時間経過で放射線を出しながら、崩壊していきます。二〇一一年の福島原子力発電所事故で放出されたセシウム（Cs）137はβ崩壊し、原子核の中の中性子が電子を放出しながら陽子になり、半減期三〇・一年でバリウム（Ba）137に変換されます。この変換の際に作用する力が弱い力です。三十年経過しないとセシウム137は半分にならないということは、長期間にわたって放射線を出し続けるということですが、反応が弱いということで、弱い力とよばれています。つまり核力には強い力と弱い力があり、先に述べた電磁気力と重力をあわせて四種類の力になります。

力とその媒介粒子

力はどのようにして影響を及ぼすのかということを電磁気力を例にとって説明します。テレビ局が電波を出すと、私たちはアンテナで電波をキャッチして、テレビ受像機で映像を見ることができます。物理的に見ると電波塔の発信機の電子が振動します。すると電波が発生して、空中を伝播してアンテナにたどり着き、アンテナの中で電子が振動します。この電子の振動を増幅することでテレビを視ることができます。ここで電波というのは、ある波長の光と考えてよく、電子が振動すると光を生成して、その光を受けた電子が振動するということになります。量子力学的には光は波動性と同時に粒子性をもっていると考えられ、電磁気力は、電子の振動を、光子という素粒子のキャッチボールにより相手側の電子を振動、作用させて影響しているのだと考えることができます。

強い力にも、それを媒介する粒子があります。湯川秀樹博士（一九〇七－一九八一）は、原子核の陽子と中性子が強く引合い、結合しているのは、何か媒介する粒子があるに違いないと考え、その粒子の性質や質量を一九三四年に予言したのです。そして一九四七年パイ中間子（π）という陽子と中性子を強く結びつけている素粒子が発見され、強い力が原子核に存在することが確かめられました。この業績で湯川博士は一九四九年にノーベル物理学賞を受賞されたのですが、強い力はある粒子を交換すること、キャッチボールすることで伝わるのだということを明らかにしました。現在では、クォーク同士あるいは陽子と中性子の間に作用する強い力の媒介素粒子が、グルーオン（g、膠《にかわ》のような粒子）、とよばれています。

弱い力の相互作用にも、これらを媒介する粒子があります。中性子がβ崩壊するときに、これを媒介する粒子が存在することがわかってきました。それらは素粒子の標準モデルでは「ゲージ粒子」とよばれ、相互作用がゲージ理論で記述されている素粒子間では、ゲージ粒子の交換により力を生じます。電磁気力、強い力を媒介する光子やグルーオンはゲージ粒子なのです。弱い力を伝える粒子はウイークボソンとよばれ、ZボソンとWボソンがあります。これらは非常に重い粒子なのですが、ZボソンはZ^0と表され電荷をもっていません。WボソンはW^+とW^-で表され、W^+は正、W^-は負の電荷をもちます。この三種類あるということが一九八〇年代に発見されています。

7　質量の起源

素粒子の質量の謎

物質の構成粒子と力に関係する粒子の存在が明らかになったものの、もう一つ説明できない謎がありました。それぞれの素粒子の質量は、てんでんばらばらの質量をもっていて、どうしてそのような質量をもつことになったのかという問題です。光子の質量は0ですが、Zボソン、Wボソンは大変重いのです。六種類のクォークも10^6〜10^{11} eV（注4）の質量をもち、レプトンとよばれる、電子、ミュー粒子、タウ粒子も質量をもち、ニュートリノも小さいながらも質量をもっています。クォークとレプトンの違いは、相互作用の有無です。レプトンは強い相互作用のない粒子で、グルーオンが相互作用しない粒子ですが、クォークはグルーオンと相互作用するだけではなく、Zボソンや

（注4）一電子ボルト（1eV）は、電子に一ボルト（V）の電圧を加えたときに相当するエネルギー量。

Wボソン、光子とも相互作用します。

素粒子の標準モデルにしたがって検討を進めていきますと、それぞれの素粒子は質量が0ということになっていて、これは現実と違うことになります。

では、素粒子の質量はどのようにしてできたのかということが謎であったのです。そしてヒッグス粒子というこれまで発見されていない特殊な粒子を仮定すると、素粒子が質量を得ることになるという説を英国の理論物理学者のピーター・ヒッグス（Peter W. Higgs, 一九二九—）らが提唱して、ヒッグス粒子の存在を一九六四年に予測していましたが、永い間確認されていませんでした。二〇一二年七月にこれが見つかったらしいという発表があったのです。

素粒子のスピン

素粒子の標準モデルでは六種類のクォーク、六種類のレプトンそして四種類のゲージ粒子であるボソンを合わせて十六種類の素粒子があり、実験で確認されています。これまでふれてこなかったのですが、素粒子にはそれぞれ固有の、スピンという特性があります。スピンとは、素粒子が右もしくは左回りに自転する特徴のことです。クォークとレプトンは物質を構成する素粒子ですが、合わせてフェルミオンとよばれ、スピンは½です。この状態では七二〇度回転したところで元の状態に戻るという不思議な性質をもっています。ゲージ粒子であるボソンはスピンが1で、三六〇度回転したところで元の状態に戻ります。ヒッグス粒子のスピンは0なのです。ということは、ヒッグス粒子は回転していないことになります。スピンが0であるということは、真空と同じ性質をもっているということで、真空に溶け込める性質をもっていることになります。これが非常に重要な役目をしていて、それが素粒子に質量を与えているという考えです。したがって、ヒッグス粒子の存在が確認されれば、素粒子が質量を得た理由が明らかになるのです。

8　素粒子の観測実験

国際協力による加速器の開発

陽子や電子に高電圧を加えて加速し、この高速粒子を原子核に衝突させ、原子核を壊すことで、いろいろな素粒子が発見されてきました。高周波の電場を加え、直線上に粒子を加速、衝突させる線形加速器、リニアックや、磁場を使って円形に加速する加速器、サイクロトロンなどが開発されてきました。当初は加速粒子を静止した標的に当てて、どのような粒子が出てくるか観察していましたが、二つの高速粒子を正面から衝突させるとエネルギーが効率よく反応に使われることがわかり、衝突型加速器（コライダー）の開発が現在の主流です。

欧州のＣＥＲＮ研究所は、欧州のみならず世界中の国が参加する、素粒子物理学および原子核物理学の研究所で、当初は電子・陽電子コライダーLEP（Large Electron-Positron Collider）として一九八九年に完成しました。LEPによる、衝突エネルギー一〇〇ギガ電子ボルト（10^{11} eV、一ギガは10^{9}）の電子・陽電子衝突実験で、ゲージボソンであるZ粒子、W粒子の質量測定などが行われました。私もこの時期から現在までさまざまな研究に関与しています。LEPを用いた研究は二〇〇〇年まで行われ、その後、陽子・陽子コライダーとして開発されました。

高エネルギー加速器LHCの登場

CERN研究所のコライダーは巨大な装置で、スイスのジュネーブ郊外に建設されたものです。LEPのために掘った一周二七キロメートルの地下トンネルを再利用して、そこに超伝導マグネットをもつ加速管を円周上に二本配置し、陽子を右回りと、左回りに加速させることで、高エネルギーの衝突が可能になりました。この建設には約十五年かかり、二〇〇八年に完成し、世界で最高のエネルギーを出すことのできるコライダーで、LHC（Large Hadron Collider、大型ハドロン衝突装置）とよばれています。

この装置を用いて、標準モデルで確認されていないヒッグス粒子を発見しようとする研究は行われてきましたが、陽子を高速に加速して衝突させる必要があります。

エネルギーには通常MKSA単位系ではジュール（J）という単位を用いますが、高速に加速

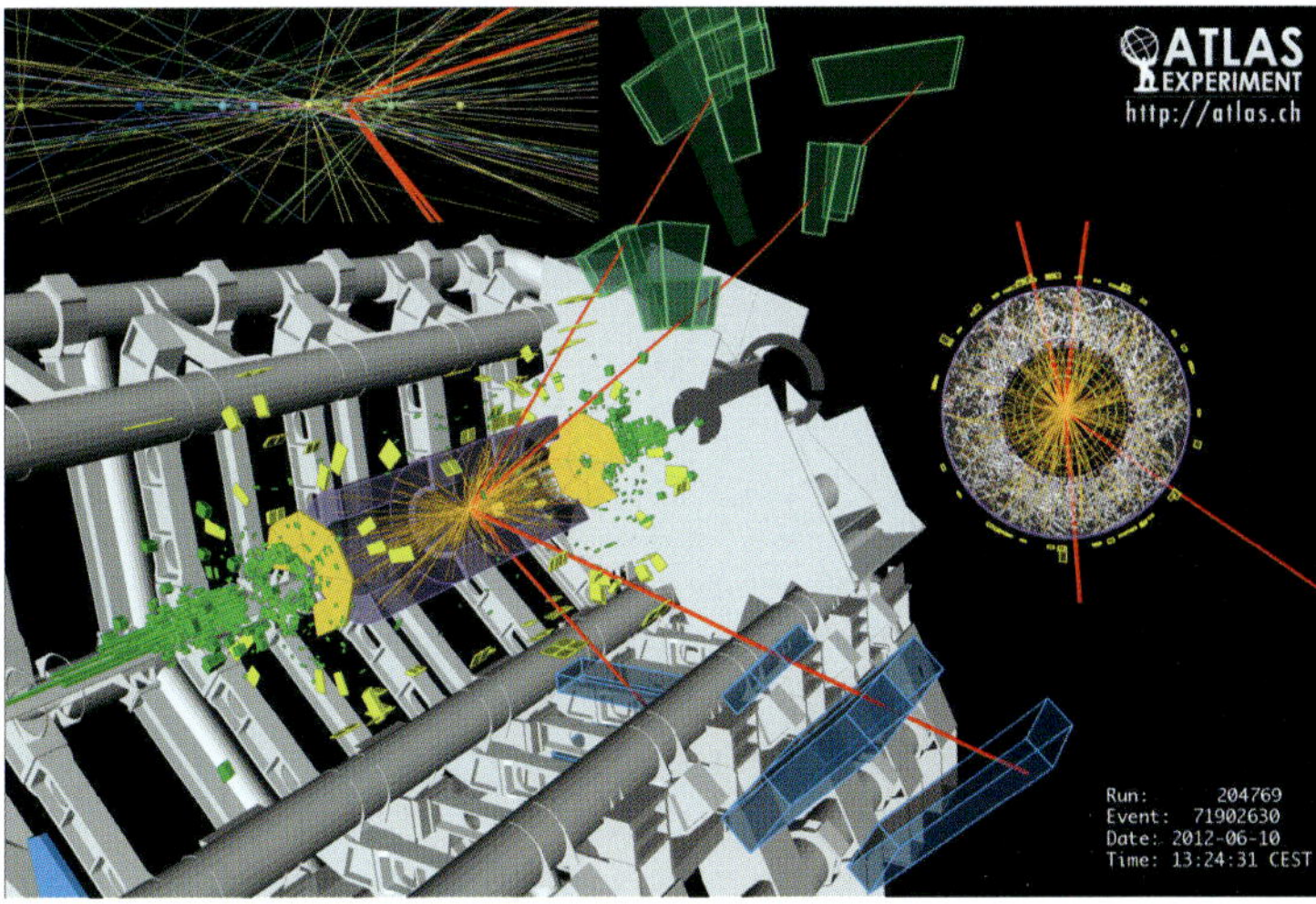

図 1・4　ATLAS 実験結果 (1)　ヒッグス粒子が生成され，4 本のミューオン（図の赤線）に崩壊したと考えられる候補事象（本文 27 ページ参照）

図 1・5　ATLAS 実験結果 (2)　ヒッグス粒子が生成され，2 本のガンマ線（γ）に崩壊したと考えられる候補事象

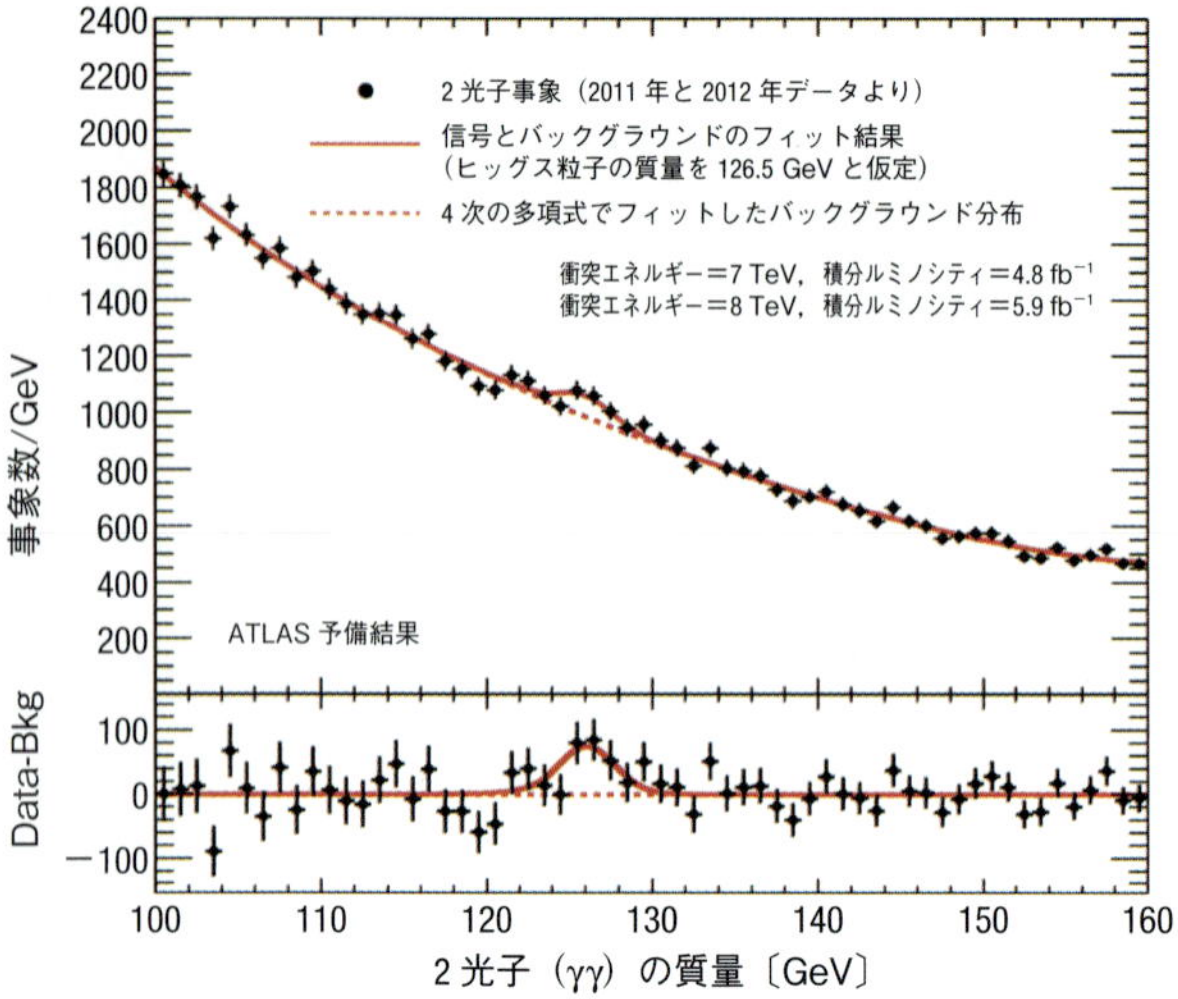

図 1・6　ATLAS 実験結果（3）γ 線観測

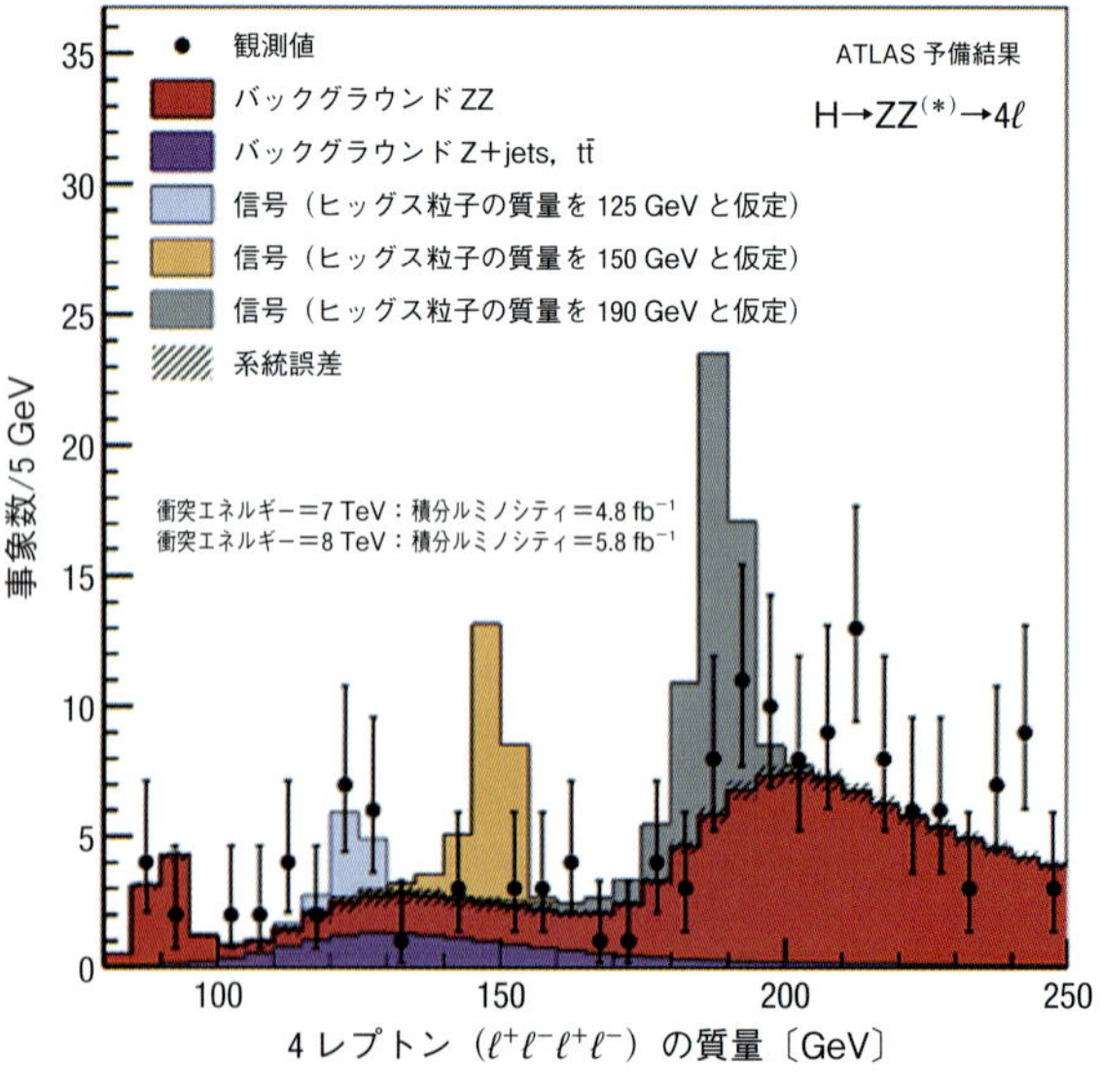

図 1・7　ATLAS 実験結果（4）レプトン観測

した陽子のエネルギーは、素粒子の電荷が非常に小さいため電子ボルト（eV）という特殊な単位を用いて表します。電子が一ボルト（V）の電圧を加えて加速されたときの運動エネルギー量のことを一電子ボルトと表します。一電子ボルトは0.16×10^{-18}J（一ジュールは6.24×10^{18}eV）です。ブラウン管テレビでは電圧を二万ボルト加えています。二〇キロ電子ボルト（2×10^{4}eV，一キロは10^{3}）に加速した電子が蛍光面に衝突してテレビ画面が映りますから、ブラウン管は二〇キロ電子ボルトの加速器といえます。ＬＨＣでは七～一四テラ電子ボルト（一テラは10^{12}）で、桁違いに大きいのです。

ちなみに一・五ボルトの乾電池を三兆個直列につなぎ合わせると四・五テラ電子ボルトになります。乾電池の長さは五センチメートルですから、三兆個で一・五億キロメートルになり、地球と太陽の距離に匹敵します。ＬＨＣは地球上で二七キロメートルの円形状の加速器を実現したもので、技術の粋が集められています。

この加速器の開発において日本の高エネルギー加速器研究機構（ＫＥＫ）がＬＨＣの重要な部分であるビーム最終収束超伝導四極磁石を担当して、貢献しています。

素粒子の検出装置ＡＴＬＡＳ

ＬＨＣで高速に加速した陽子同士を衝突させたときに何が起こるかを観測するポイントが四箇

所あって、ＡＴＬＡＳ（A Troidal LHC Apparatus）およびＣＭＳ（Compact Muon Solenoid）などの検出装置が設置されています。多くの日本人が、大学または企業からＡＴＬＡＳ検出装置（以下ＡＴＬＡＳと表記）の開発と研究に参画しています。

ＡＴＬＡＳは巨大な装置で円筒形をしており、直径二二メートル、長さ四四メートル、重さは七千トンあります。三十五カ国三千人の研究者（うち学生千二百人）が参加する国際共同実験施設です。施設の建設にあたっては日本のグループも重要な貢献をしています。超伝導トロイド磁石は円筒状に磁石を配列させるものですが、これを用いたミューオンの検出器の建設に大きな役割を果たしました。高エネルギー加速研究機構の山本明氏や東芝が開発、製造した、超伝導ソレノイド磁石も設置されています。また浜松ホトニクス製のシリコン検出器も設置されています。図１・８にＡＴＬＡＳ実験装置を示します。中央下

図１・８　ATLAS 実験装置全容．直径 22 m，長さ 44 m，重さ 7000 t.

に二人の人が立っています。ＡＴＬＡＳ検出装置がいかに大きいものかがわかるでしょう。

ＡＴＬＡＳで得られる実験結果は信号とノイズを含んでいて、さまざまな情報解析を行う必要があります。そのためにＣＥＲＮでは、日本の研究機関を含む世界中のコンピューターをネットワーク状に接続し、あたかも巨大なコンピューターのように働くグリッドコンピューティングシステムを開発し、高度なデータ処理を行い、貴重な信号を抽出しています。

９　ヒッグス粒子の痕跡の観測

ＡＴＬＡＳ検出装置で得られた実験結果の一部をカラー図１・４に示します。図の左側はＡＴＬＡＳ検出装置を切り開いた形とその中央で陽子が衝突し、さまざまな信号が飛び出している状況を、図の右側にはＡＴＬＡＳを輪切りにした中央部から信号が放出されている様子を、実際に得られた結果からＣＧで図示したものです。陽子は素粒子ではなく、クォークとグルーオンで構成されていますが、高速に加速された陽子が中央で衝突すると、このグルーオンとグルーオンが衝突してヒッグス粒子ができる確率が高いと考えられています。できたヒッグス粒子も直ちに四つのミューオン（μ粒子）になり、これを観測したことにより、約一二五ギガ電子ボルトのエネルギーをもつヒッグス粒子の痕跡が発見されたというのが、二〇一二年七月四日の発表になったのです。

カラー図1・5はATLAS実験のもう一つの結果ですが、二本の信号が見てとれます。これは陽子の衝突でできたヒッグス粒子が二つのγ線となって表れたものです。

カラー図1・6はATLASのγ線観測の実験結果を表したものです。観測されるγ線はそれぞれのエネルギーと飛んでくる方向が測定器で計測されます。それらの情報を基に二つのγ線となる元の粒子の質量を求めることができます。ヒッグス粒子が生成されて、二つの光子に崩壊したとすると、その二光子から求めた質量分布にピークとして現れるはずです。図1・6では一〇〇～一六〇ギガ電子ボルトの範囲で、なだらかに右下がりの曲線が見られますが、これは陽子衝突の際のさまざまなバックグラウンド信号です。このなだらかな部分を差し引いてグラフにしたものが図1・6の下に示したもので一二〇～一三〇ギガ電子ボルト付近にピークが見られます。これが七月四日に発表したものです。

カラー図1・7は図1・4に示した観測結果を整理したものです。四つヒストグラムとしてのレプトンが予測されていますが、γ線とは違う検出器で、異なる場所で計測しています。図の黒い点が観測データです。赤と紫の山はZボソンによるバックグラウンドとして現れることが予測されています。ヒッグス粒子が現れる可能性としては、かりにその質量が一九〇ギガ電子ボルト、あるいは一五〇ギガ電子ボルト、一二五ギガ電子ボルトであった場合、期待される信号はそれぞれグレイのヒストグラム、黄色のヒストグラム、ブルーのヒストグラムのように見えるはずです。実際の観測データである黒い点は、一九〇ギガ電子ボルトや一五〇ギガ電子ボルト付近ではピークを示しておらず、一二五ギガ電子ボルトでブルーのヒストグラムに対応して、黒い測定点がピークを示しています。これはヒッグス粒子による観測値で、先の図１・６の結果と合わせて、ヒッグス粒子の発見ができたと確信がもてる実験結果なのです。

ＬＨＣではＡＴＬＡＳ検出器のほかにＣＭＳ検出器が設置されています。この装置は四Ｔ（テスラ）という高磁場を出せる大きな超伝導ソレノイド磁石を備えていて、ミューオンやヒッグス粒子を独立に観測しています。ＡＴＬＡＳ検出器で観測したγγモード（$H\rightarrow\gamma\gamma$）および四レプトンモード（$H\rightarrow Z^0Z^0\rightarrow \ell^+\ell^-\ell^+\ell^-$）の検出をこのＣＭＳ検出器も独立に成功させ、両者の実験結果が一致したことからヒッグス粒子とみられる新粒子の発見は間違いないと認められました。

10　質量を生み出すヒッグス粒子

Ｐ・Ｗ・ヒッグスは標準理論では質量が0と考えざるを得なかった素粒子に質量を与えることのできるヒッグス機構を提唱して、ヒッグス粒子の存在を予測しましたが、ヒッグス粒子が質量を生み出す仕組みについて、これまで使われてきた説明をはじめにします。宇宙空間の真空にはヒッグス粒子が詰まっているのですが、宇宙創成の頃は高温で、素粒子は光の速度で飛んでいますから質量は0で、ヒッグス粒子と相互作用することはなく、10^{-10}秒後に真空の相転移が起こって、ヒッグス粒子の性質がわずかに変わり、素粒子にまとわりつくようになり、素粒子は動きにくくなり、質量をもつようになったのだということでした。しかし、この説明は正しい表現ではないということが言われるようになってきていますので、次項できちんと説明します。

場の概念

これにはまず、「場」という考えを理解する必要があります。よく知られている場としては、電場や磁場があります。正と負の電荷があるとその空間には電場が存在します。またN極とS極があるとその空間には眼には見えないが、磁場が存在します。これらには力が特定の方向に働く場があるということで、「ベクトル場」といいます。

ヒッグス粒子はスピン0の粒子で、それらが詰まった空間は「ヒッグス場」とよばれますが、電場や磁場と異なり方向性をもっていません。このような場を「スカラー場」といいます。

ヒッグス場

ヒッグス場は、宇宙の初期には、ポテンシャルの形は釣鐘状をしており、真空の状態はヒッグス場の大きさは0で、ポテンシャルが最も低いところで、どちらの方向にも同一で完全に対称性を満足しています。ところが、宇宙が始まって10^{-10}秒後に真空の相転移が起こると、対称性が壊れてヒッグス場のポテンシャルの形が変わります。丁度ワインの瓶の底のように中央部が少し高くて、周辺部が凹んだ状態です。この凹んだところが、エネルギーが最も低くて、真空の状態になり、凹んだ底に沿って小さなエネルギーで粒子は転がることができますが、この量子化した粒子を南部－ゴールドストーンボソン（ＮＧボソン）といいます。

南部－ゴールドストーン粒子

この考えを最初に提唱したのが、二〇〇八年にノーベル物理学賞を受賞した南部陽一郎博士（一九二一－）で、一九五〇年代に超伝導の電子の流れ方の考えを基に、素粒子の世界で、自発的に対称性が壊れれば、素粒子の質量が説明できると予言しました。真空の対称性が壊れると、質量が０の南部－ゴールドストーン粒子が存在することになりました。

ヒッグスはこの南部の考えを取入れ、南部－ゴールドストーンボソンを、もともと質量０だったＷボソンに入れてしまうと、これが質量をもつということを数学的に証明したのです。別の表現をすると、ＷボソンやＺボソンなどのゲージ粒子は質量が０であったが、南部－ゴールドストーンボソンを縦波成分として吸収することで、質量をもつことになり、ヒッグス場の存在と、質量の起源を予言できたのです。

言い換えると、ヒッグス場では、さまざまな素粒子がそれぞれに対応した相互作用の大きさをもつことになります。ヒッグス場と相互作用しない光であるγ粒子の質量はこれまでどおり0ですが、ヒッグス場と強い相互作用をするWボソンやZボソンは、大きい質量をもつことが説明できたのです。ヒッグス機構とは南部-ゴールドストーンボソンがゲージ場と結合して質量のあるベクトル粒子となる機構のことです。

力を媒介するゲージ粒子として、弱い力に関係するWボソンやZボソンは光子(γ)と同型の粒子であったのですが、真空の対称性が破れてヒッグス場のある成分が南部-ゴールドストーンボソン(NG)になり、Wボソンなどは、このNGボソンがまとわりついて質量をもつことになりました。光子にはヒッグス場は影響せず質量0のまま、光速で通り抜けているのです。

ヒッグス粒子の提唱から観測まで

ヒッグス場は、理論的に存在しうるということが一九六四年にヒッグスらによって予言されたのですが、これまでその現象を観測することはできませんでした。γ線が質量0であるということは、ヒッグス場に一つ自由度が残されていることになり、ヒッグス場でゆらぎがあると、ヒッグス場が振動してヒッグス波が生じます。電場の場合、電場の振動は電波を生じ、γ線になると同時に光子(粒子)の形をとります。それと同様にヒッグス場にゆらぎを与えると、ヒッグス波が発生し、リアルなヒッグス粒子が現れる可能性があります。ヒッグス、ワインバーグ、サラムらが、ヒッグス粒子というのは大体こんな性質をもっているとして、おおよその質量を予測していましたが、予言されてから四十数年間、具体的に観測することはできませんでした。そして今回、ＬＨＣでは陽子と陽子を高速で衝突させ、ヒッグス場にゆらぎを与え、ヒッグス波を生じさせ、ヒッグス粒子と考えられる観測に成功したわけです。

11　宇宙の謎

ＬＨＣ、ＡＴＬＡＳでの観測結果は、ヒッグス粒子と思われる新しい粒子の存在を確認したという状況で、今後五年以上の歳月をかけて、さらなる実験と解析を行いますが、ヒッグス粒子の存在が確定したら、終わりかというとそうではありません。宇宙には標準理論で説明できないさまざまな現象があります。

地球、太陽系そして多くの銀河系など、私たちが認識できる物質のすべての量を求めることができますが、宇宙のさまざまな観測から宇宙全体の総エネルギーを推測できています。それによると地球を含むすべての物質の量は、エネルギー換算で宇宙の四％に過ぎないことがわかってきました。残りの九六％は未知のものなのです。

12　暗黒物質（ダークマター）・暗黒エネルギー（ダークエネルギー）

一九三〇年代、スイスの天文学者、フリッツ・ツビッキー（Fritz Zwiky, 一八九八－一九七四）は銀河団が奇妙な回転運動をすることに気がつきました。銀河団の全質量は銀河の輝度に基づいて算出できます。銀河の中心付近と周辺では星の濃度が一様ではなく、外側では希薄になっていて、その場合周辺部では回転速度が遅くなるはずでしたが、現実にはそうではなく、周辺部も中央部と同じ速度で回っていたのです。そしてさらに銀河の輝度に基づいて算出した全質量と、銀河の回転運動から別途に全質量を算定した結果を比較しました。その結果、光っている銀河の質量は、銀河の回転運動から求めた質量よりはるかに少ないことが判明し、質量欠損問題として知られるようになりました。その後、精密な観測の結果、宇宙の全エネルギーの四％を占める物質よりはるかに多い二二％に相当する、目に見えない物質が存在することが明らかになり、暗黒物質（ダークマター）とよばれています。これは万有引力に影響する物質なのですが、目で見ることができず、星間ガスでもなく、現在の標準理論では説明できない物質です。さらに銀河系を含むすべての物質と暗黒物質を加えたものが宇宙の全構成かというとそうではないのです。超新星の観測により、宇宙が加速膨張していることがわかってきたことで、宇宙をさらに広げようとする力が働いていて、その大きさは宇宙の全エネルギーの七四％に達すると考えざるをえないという結果が得られています。この存在について私たちはまったく知見がなく、わからないことから、暗黒エネルギー（ダークエネルギー）とよんでいます。

13　超対称性粒子

暗黒物質の存在は標準理論では説明できないのですが、超対称性粒子（supersymmetric particle，ＳＵＳＹ粒子）という考えで説明できる可能性が出てきました。これまでの標準理論での十七種類の素粒子に対応して、新たに別の十七種類の素粒子で、そのスピンが½ずれている新素粒子を定義し、既存のフェルミオンに対し未知のボソン、既存のボソンに対し未知のフェルミオンを対応させる相方を超対称性パートナーとよびます。この超対称性粒子の中で最も軽く電気的に中性なものはＬＳＰ（Lightest Supersymmetric Particle）とよばれ、既存のゲージ粒子に対応するゲージーノ粒子あるいはヒッグシーノ粒子などが暗黒物質の候補にあげられています。

これらの新粒子はＬＨＣで見つかるくらいの質量をもっていることが予想されていますので、ＬＨＣは現在改造中です。二年後の二〇一五年には現在の衝突エネルギーの八テラ電子ボルトから一三テラ電子ボルトに上げる計画が進められており、これらを証明する新事実の発見が期待されています。

14　力の統一

宇宙創成はビッグバンそしてインフレーションから始まりましたが、10^{-43}秒後に「重力」が現れ、10^{-34}秒後に「強い力」が現れました。10^{-10}秒後、「弱い力」と「電磁気力」が分離して現れ、以来四つの力がそれぞれの状況で作用しています。

力の分化してゆくプロセスを逆に追って、物理現象として解析、理解することは物理学の発展の歴史とみることもできます。電気力と磁気力は約百五十年前ジェームズ・マックスウェル（James C. Maxwell, 一八三一－一八七九）が電磁場の振る舞いを記述するマックスウェル方程式を数学的形式として整理し、電磁気力を統一しました。

重力についてはアイザック・ニュートン（Sir Isaac Newton, 一六四二－一七二七）が古典力学を完成させ、アルベルト・アインシュタイン（Albert Einstein, 一八七九－一九五五）が重力の一般相対性理論を完成させました。

スティーヴン・ワインバーグ（Steven Weinberg, 一九三三－）とアブドゥス・サラム（Abdus Salam, 一九二六－一九九六）は電磁気力と弱い力を統一するワインバーグ・サラム理論（電弱理論）

を完成させました。素粒子の間に働く強い力は、湯川博士により提唱され、その後、量子色力学（Quantum Chromodynamics, ＱＣＤ）として有効性が示されています。

電弱理論と強い力の統一はまだできていません、超対称性粒子の存在が解明されることによって、電磁気力、弱い力そして強い力の大統一が期待されています。さらにこの三つの力と重力を統一することは先の夢ですが、理論としては超弦理論が提唱されています。

15　今後の宇宙の解明は？

ＬＨＣによる一三テラ電子ボルトの陽子・陽子衝突実験、さらには現在計画中の電子・陽電子衝突型の国際リニアコライダー計画などの推進により、超対称性粒子が発見されることになると、時空を考慮した理論の構築が必要になります。宇宙の理解としては、ビッグバンの前はどのような状態だったのか、インフレーションという時期がありますが、これはどうして起こったのか、暗黒エネルギーの実態は何かなど多くの解明すべき問題が残されています。

最後にアインシュタインの言葉で締めくくります。「宇宙について最も理解しがたいことは、宇宙が理解可能だということである（The most incomprehensible thing about the universe is that it is comprehensible.）」

第2章　生命・細胞をつくる

木賀大介

近年、ゲノム解析や遺伝子工学の進歩により、自由にDNAやタンパク質をつくって細胞に導入し、生物を改変することが可能になりました。これにより、生体内で使われる高分子や、反応系、さらには生命自体を人工的につくり出し、生命現象の仕組みを探ることができます。たとえば、

- 二十一種類（従来は二十種類）のアミノ酸からなるタンパク質をもつ生物をつくる
- 人工合成したゲノムDNAを用いて、親のDNAを受継いでいない人工微生物をつくる
- 有用物質を効率よく生産する微生物を作出する

といった応用が進みつつあります。

1 はじめに

私は、「つくって理解」するというアプローチを基本にして研究を進めています。この分野は、合成生物学（注1）とよばれることもあります。現在、知能システム科学専攻という情報システム系の専攻で研究室を主宰していますが、バックグラウンドは、DNAやRNA、タンパク質のような

生体高分子を研究する生化学です。

一般的に、科学技術において「つくる」ということは大変重要なことです。生物学においても、それは同じです。人類にとって有益なものを「つくる」ことができれば、それは人類の役に立つことになります。また、実際につくってみることによって、物事を理解することができます。

科学の多くの分野では、物事を理解するために、システムを組んで確かめてみます。それを生物学でやろうとすると、たとえば、DNAやタンパク質といった生体高分子を組合わせるということになります。生命の構成単位を組合わせることは、現実に可能になりつつあります。その組合わせ次第では、これまでに、ひょっとしたら存在しえたかもしれない生物をつくることができるかもしれません。私は、そうした「ありえた生命」の「かたち」を追求することによって、生命を理解したいと考えています。

私がこういう研究をするようになった理由を考えてみると、子供時代のいくつかの出来事に行き当たります。一つ目は、子供の頃に父親が天体望遠鏡を買ってくれたことです。星を観るのが好きでした。二つ目は、NEC製のPC6001というパソコンに出会ったことです。今の学生たちの多くは、この機種を知りませんが、家庭用コンピューターの先駆けで、当時の日本の高い技術力

（注1）合成生物学（synthetic biology）は、生物や細胞に含まれる分子やシステムに類似はしているが、自然界には存在していない分子やシステムを人工的につくり出し、これらの利用や応用を研究する分野。

で開発されました。

「ドラえもん」の影響もあります。漫画本（小学館、てんとう虫コミックス）の十七巻七六ページに、天球儀という道具が紹介されています。普通の天球儀は星の絵が描いてある球体に過ぎませんが、さすがにドラえもんの技術だけあって、顕微鏡と天体望遠鏡を組合わせたようなもので、その中を覗《のぞ》くことができるようになっています。そして、生物がいる星に置いてある超極小ロボットや、左右あべこべの日本が見えたりします。最後に、天球儀の中に天才少女ののび太ちゃんがいるというオチがあって、何か違った生き物がいたということになっています。

このように、子供の頃からの、何か違ったものを「みたい」とか、「つくりたい」といった気持ちが、今の研究につながっているのだろうと思います。

2　生物は階層性をもったシステム

システム生物学という言葉が使われるようになってから十五年近くになります。この学問は、生物を、いろいろな部品が集まって成り立っている多階層システムとして捉えています。

従来の生物学は「観る」生物学でした。子供の頃は、動物園に連れて行ってもらって、いろいろな動物を観察したものですが、生物学は、ギリシャ・ローマ時代の博物学の延長で、いろいろな生物を観察し、そのカタログ（一覧）をつくることによって理解を進めてきました。その間に観るためのさまざまな機器が発明されて、さらに理解が進みました。

生物を細分してゆくこと

個体を観るだけでなく解剖を行うと、器官や組織というものを知るようになります。やがて、顕微鏡が発明されて、生物の体が細胞からできているということがわかりました。さらには、生化学や分子生物学の発展によって、その細胞の中に、DNAやRNAやタンパク質があって、これらがアミノ酸やヌクレオチドとよばれる構成単位からできているということも明らかになりました。そして、こうした生物の構成単位は、基本的に水素（H）、炭素（C）、窒素（N）、酸素（O）といった原子でできています。これを逆にたどれば、原子が組合わさって分子ができ、分子がつらなって大きな分子ができ、その大きな分子が組合わさって細胞ができ、細胞が組合わさって組織や器官ができあがります。この階層を意識することが大切です。

それぞれの大きさを比べてみましょう。ヒトの指を千倍に拡大すると、その細胞一個を観ることができます。さらに、その細胞を千倍に拡大すると、一個のタンパク質の形がぼんやり観えるというイメージでしょうか。

心臓の筋肉を例にして、階層性を考えてみたいと思います。心臓は血液を循環させるために伸び縮みをしているわけですが、実は、細胞一個一個が伸び縮みをしています。その仕組みについては、昔から多くの研究がなされていて、細胞の中にある櫛《くし》状の構造をしたものが伸縮するということがわかっています。この構造をつくっているのは数種類のタンパク質です。なかでも、アクチンとミオシンという二つのタンパク質が、きれいに並ぶことによって細胞の機能が生まれ、それが心臓の拍動に大きく寄与しています。

生命を支えているタンパク質

タンパク質は、筋肉のような組織をつくるだけではなく、さまざまな働きをしています。酵素もタンパク質です。私たちの体を細菌（微生物）の攻撃から守るための抗体も、細胞の増殖を誘導するサイトカイン(注2)もタンパク質です。こうしてみると、タンパク質が生命の機能を担っているといっても過言ではないと思います。

タンパク質はアミノ酸の鎖です。生物は二十種類のアミノ酸を利用しています。それぞれのアミノ酸の違いは、化学構造式中の側鎖とよばれる部分にあります。タンパク質の形は、アミノ酸の配列、つまり、どのアミノ酸がどういう順序でつながっているかによって、一本の長い紐《ひも》が折りたたまれてシート状になったり丸まったりしてできてきます。そして、その形によって、酵素になったり、筋肉になったり、抗体になったりするわけです。

アミノ酸を指定する暗号

このアミノ酸の配列は、生物の中にあるもう一つの鎖状の分子であるＤＮＡに記録されています。ＤＮＡは四種類のヌクレオチド（Ａ、Ｃ、Ｇ、Ｔという略記文字で表される）からできています。二十種類のアミノ酸が並んでいるタンパク質は二十種類の文字で、四種類のヌクレオチドが並んでいるＤＮＡは四種類の文字で、その構造が書き表されているわけです。ＤＮＡからタンパク質がつくられるためには、四種類の文字で書かれたものを、二十種類の文字で書かれるものに変換、学術用語でいうと翻訳しなければなりません。これが生物の定めであり、特徴でもあります。

たとえば、ＤＮＡにＴＴＴという三文字が並んでいるときはフェニルアラニンというアミノ酸に対応し、ＣＣＣの場合はプロリンです。このように、三個のヌクレオチドの並んだものが一個のアミノ酸に対応しています。このようなヌクレオチドからタンパク質への変換のための規則が書かれている暗号表は、大腸菌からヒトまで共通なので、普遍遺伝暗号表とよばれています。また、ＤＮＡからＲＮＡを経てタンパク質へという情報の流れを、セントラルドグマという言葉で表します。ドグマという英単語はキリスト教の教義を意味し、ドグマを巡る戦争をしていた時代さえあります。暗号を解読した当時の研究者たちは、セントラルドグマと名づけることで、あらゆる生物

（注２）細胞間の情報伝達を担うタンパク質分子。

にとって共通だという非常に強いメッセージを出したかったのだろうと思います。

大腸菌からヒトまで共通した遺伝暗号があるからこそ、遺伝子工学という研究ができるようになりました。つまり、ある生物の遺伝子を別の生物の中に入れて働かせることができるのです。たとえば、二〇〇八年度のノーベル化学賞受賞者である下村脩先生が発見したオワンクラゲがもつ緑色蛍光タンパク質の遺伝子をマウスに入れれば、マウスを光らせることもできるわけです。

3　観る生物学からつくる生物学へ

この十年間で、観る生物学が進んできました。文部科学省は「一家に一枚ヒトゲノムマップ」というものを頒布しています。研究者たちにしても、ゲノム情報やタンパク質の立体構造の情報が得られることで、生物というものが少しずつわかってきたつもりになっています。

システムを理解する方法

ここで、生物学から一歩離れて、システムを理解するとはどういうことなのか考えてみましょう。子供の頃に壊れてしまったおもちゃを組立て直した経験のある人は少なくないと思います。直してみて、その動き方に納得したのではないでしょうか。

たとえ話として、大航海時代にインカ帝国に住んでいる人がねじ巻き時計を拾ったとします。一五〇〇年代の初頭には、すでにねじ巻き時計の原型はあったようですし、インカ帝国にも日時計はあったでしょうから、ねじ巻き時計の短い針が一日で二周するのを見れば、住人も時計だということは想像できると思います。そうなると、その動作機構を知りたくなりますから、分解してみます。さらに、組立て直してみます。分解して組立て直すという一連の動作を経て、その仕組みがわかるわけです。私たちがわかったというときは、分解して組立て直すことがシームレスにつながったときだと思います。

これまでの生物学は、単なる技術的な限界というだけで、分解までしかできなかったのですが、今、生物学にも「つくる生物学」が生まれてきました。一九九〇年代の半ば頃から、タンパク質や遺伝子を一個ずつ調べるのは時間がかかって大変だということで、網羅的なゲノム解析が進み、生物の構成要素がしだいに見えてきました。また、この十年ほどの間に、生物の部品としてのDNAやタンパク質をかなり自由につくることができるようになっています。そうした状況のもとで、二〇〇八年に細菌のゲノムDNAがすべて人工合成によってつくられました(文献2)。

DNAの人工合成技術

実は、二〇〇〇年頃に技術革新があり、ヌクレオチドを好きなように並べた長いDNAを合成することができるようになっていました。この延長上に細菌の全ゲノム合成があったわけです。コンピューターの性能が指数関数的によくなってゆくというムーア則のように、どんどん長いDNAをつくることができるようになるとすれば、二〇一五〜二〇二〇年頃には、ヒトゲノムの長さに相当するDNAの人工合成が可能になるという予測すら立てられる状況になっています。

ここで、ゲノムDNAの合成について簡単に説明します。私の体の中では、私のゲノムがコピーされています。コピーされるためには、その元となる鋳型（テンプレート）が必要です。図2・1左のような細菌のゲノムDNAの場合は環状の二重鎖になっていて、それぞれの鎖（実線）が鋳型になります。その鋳型の上をコピー機が走ると、新しいDNAの鎖（破線）ができてきます。

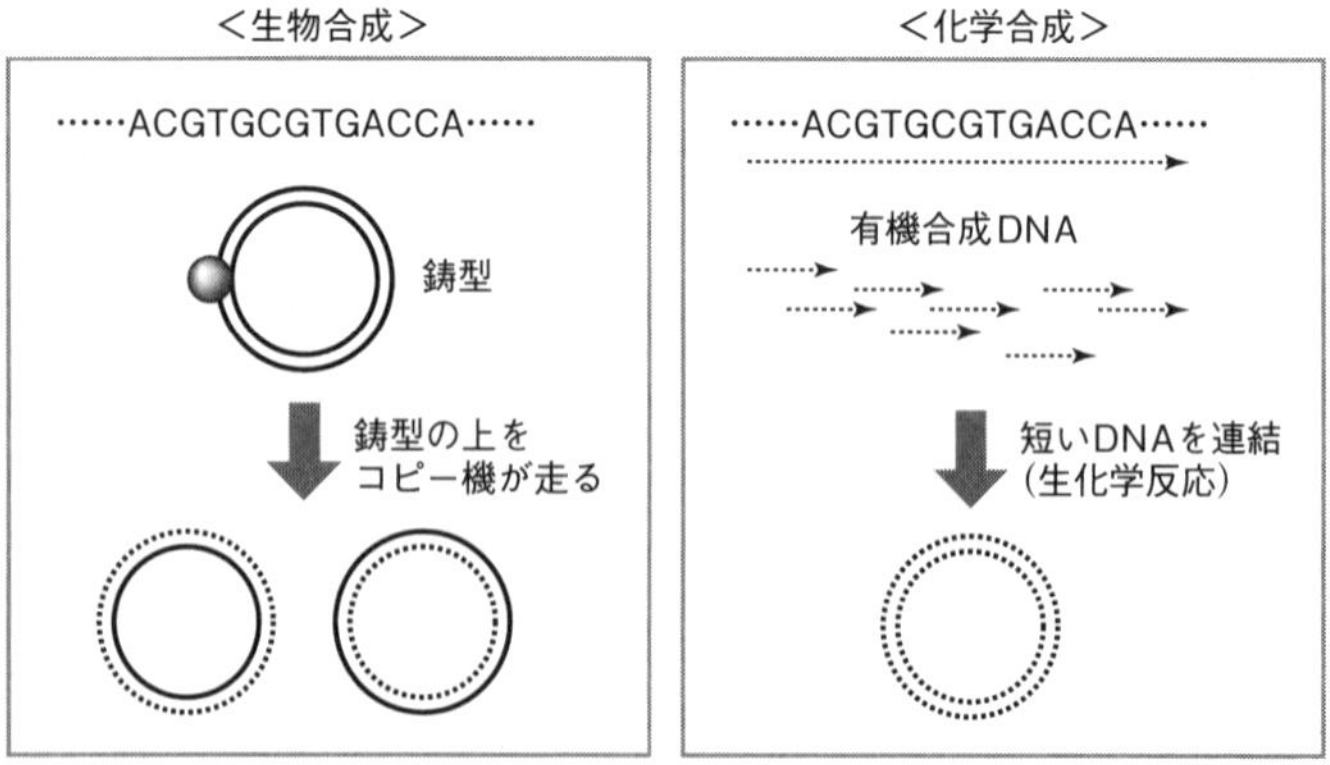

図2・1　ゲノムDNAの合成

化学合成の場合は鋳型を必要としませんし、自由な塩基配列のDNAをつくることができます。ただ、化学合成には技術的な問題があって、百個程度のヌクレオチドしかつなぐことができません。それならば、百個のヌクレオチドが並ぶ鎖を一万本つくり、それを生化学反応でつなげればよいと考えて実行したのが、先述した細菌ゲノムの全合成でした。

新たな生体分子や生物の構築

一九六〇年代から一九八〇年代にかけての古典的な生化学の時代にも、「つくる生物学」というものはありました。しかし、当時は、今ある生命のかたちと同じものを再構成することしかできませんでした。なぜなら、研究しやすい限られた生物の限られた部品だけしか入手できなかったためです。

この十年ほどの技術的な進展によって、別の生物の部品や人工的に改良した部品を用いて新たな組合わせを構築することができるようになってきましたので、「つくる」ということを通して、より広い範囲で理学と工学の連携を進めてゆこうという研究が多くなっています。実際にそういうことを行う研究者グループも増えています。文部科学省の新学術領域には「合成生物学」というグループもありますし、若手が集まる「細胞を創る研究会」というのもあります。また、東京工業大学では、つくる生物学を含めこれからの生物学のためには、伝統的な生物学の知見だけでなく工学や情報科学の知見も重要だろうという考えで、「情報生命博士教育院」という教育プログラムを文部科学省の支援で進めています。

4　天然にないタンパク質をつくる

生命の新しい組合わせを探索するのは大変なことなのですが、進化のメカニズムを使うとうまく進むことがあります。たとえば、キリンの首が長くなった理由について、次のような説明を聞いたことがあるのではないでしょうか。キリンの祖先は首が短かったけれど、あるとき、少し首の長いキリンが生まれた。そのキリンは高いところにある餌を食べることができた。孫の代に、さらに首が長くなったものは、より多くの餌を食べて繁殖した。つまり、ダーウィン進化の自然選択、変異と繁殖が繰返し回ってゆくことで、より適応度の高い生物の集団が生まれてくるというわけです。

ペットショップにはいろいろな種類のイヌがいます。このような可愛らしいイヌに、二万年前の私たちの祖先は会うことができたでしょうか。人類の文明が進むにつれて、育種という人工進化で、ペットや家畜、それに穀物などを人間の望むような性質に変えてきました。育種は、動物や植物の個体そのものを操作の対象にしているわけですから、進化のサイクルは、何年も何十年もかけて回ることになります。

東京工業大学が最近設立した地球と生命の起原に関する研究所、あとでもう一度紹介しますが、この研究所の構成員としてお招きしたショスタック[注3]さん（Jack W. Szostak）は、一九九〇年に試験管内進化とよばれる方法を改良して、これまでになかった機能性ＲＮＡを創出しました。それを使えば、進化サイクルを一日に一サイクル、二サイクルと回して、ヌクレオチドを新たに組合わせたＲＮＡやＤＮＡ、アミノ酸を新たに組合わせたタンパク質をつくり出すことができます。

生命の部品の新たな組合わせについて、一つのタンパク質を例にして考えてみます。それは、二十種類のアミノ酸が鎖状に二百個つながっている比較的小さなタンパク質だとします。このように小さなタンパク質でも、二十種類のアミノ酸を二百個並べる場合の組合わせの数は、20^{200}という非常に大きな数になります。これは10^{260}とも書くことができます。宇宙が始まってからの時間は10^{14}時間、宇宙にある素粒子の数は、10^{70}～10^{80}だと言われています。10^{260}という数字は、地球どころか宇宙全体を眺めてみても、ありえないほど大きな数字なのです。つまり、あらゆる種類のタンパク質を試すことなどできず、自然界では生物のありうる「かたち」のごくごく一部しか試されていないということです。たった一個のタンパク質でさえ、すべての組合わせを試すことはできないわけで

（注3）二〇〇九年のノーベル生理学・医学賞を受賞

すから、タンパク質が何百種類、何千種類、何万種類と組合わされてできる生物のかたちは、われわれが知るものだけでなくいろいろあってもよいはずなのです。

5　全生物に共通の性質は重要か

新しい部品の組合わせを調べることができるようになると、全生物に共通の性質が本当に大切なものなのかどうかを考えることができます。

「地球」生物に共通の性質をあげると、自己複製する、代謝する、外界から自らを隔離するための膜のようなものをもっているということがありますが、この三つは外せない性質だろうと思います。では、親からＤＮＡをもらうという性質は本当に必要なのでしょうか。あるいは、ＤＮＡが四種類のヌクレオチドからできていることや、タンパク質が二十種類のアミノ酸でできていることは、どうなのでしょうか。

最近では、水が存在する惑星は宇宙にいくらでもありそうだということが、かなりの確証をもって知られています。さらに、地球外生命についての新聞記事も見られるようになりました。東京工業大学では、世界トッププレベル研究拠点プログラム（WPI, World Premier International Research Center Initiative）の支援を得て、地球生命研究所（ELSI, Earth-Life Science Institute）というのを二〇一二年十二月に発足させました。初期の地球はどのような環境だったのだろうか。地球でも別の星でも同じ環境であれば、今の地球にいる生き物が必ず生まれてくるのだろうか。あるいは、別の星で別の環境であれば、違うものが生まれてくるのだろうか。そして、生命を育む地球はユニークな存在なのだろうか。そういうことを知りたいと、地球惑星科学の分野、私たちのような「つくる生物学」の分野、それから、生物の情報を統合するバイオインフォマティクスの分野などからの研究者が集まって、地球形成、地球の生命の起原および進化、地球外生命のことなどを、これから十年間かけて調べてゆこうとしています。

四種類のヌクレオチド、二十種類のアミノ酸は必須か

私は、DNAやRNAを構成しているヌクレオチドが四種類であることと、タンパク質を構成しているアミノ酸が二十種類であることに興味をもっています。二十年ほど前に、なぜ、この数字が生物にとって必須なのだろうかと、ふと疑問に思ってしまいました。以来、そこから離れることができません。

結論から言えば、この数は変えることができます。私が博士研究員のときにやった仕事はアミノ酸の種類を増やすことでした。二十一番目のアミノ酸を使えるようにするために、それを認識する能力をもったRNAやタンパク質を独自につくりました（文献3）。今の研究室で進めているのは、そ

れとは逆で、アミノ酸の種類を減らすことです。どの遺伝子も十九種類のアミノ酸しか使えない遺伝暗号表をつくろうとしているわけです(文献4)。ゆくゆくは、十九種類のアミノ酸しか使わない生物をつくってみたいと思っています。それが私のライフワークになるかもしれません。

このように、すべての生物に共通していると思われていたことが、そうではない場合もあるということを、実際にものをつくって示してゆけるようになっています。「ありえた生命」を観ることが可能になってきているのです。今の生物に共通している特徴に疑問を覚えたら、あえて違うものをつくって比べてみる必要があります。すべてに共通していることには比較対象がないからです。これはまた、つくる生物学の面白味でもあります。

6　遺伝子工学を真の「工学」にする

天然にないものを調べようとしている「つくる生物学」は、つくることができなければ始まりません。ここでは、「つくる」ということの技術面にふれてみたいと思います。

生物のような人工システムをつくるためには、複数のタンパク質を組合わせた設計図がなければなりません。つまり、細胞に入れるＤＮＡは、タンパク質一個のＤＮＡではなくて、多くのタンパク質の設計図が組合わされた非常に長いＤＮＡです。

人工生命第一号

一つの生物が備えているすべてのタンパク質を指定するA、C、G、Tで書かれた設計図は百万文字にもなります。これだけの数に相当するDNAを人工合成することは不可能だと考えられていました。ところが、これを実現してしまったのが、先述した二〇〇八年のベンターさん（J. C. Venter）たちの仕事(文献2)でした。そして、二〇一〇年、その人工の設計図を使って人工細菌をつくってしまいました(文献5)。その研究は社会的にも大きなインパクトがありましたので、二〇一〇年六月二十五日付の日本経済新聞は科学欄ではなくて社説で取上げています。そのタイトルは「人工生命をどう育てるか」というものでした。

その仕事を紹介しましょう（図2・2）。彼ら

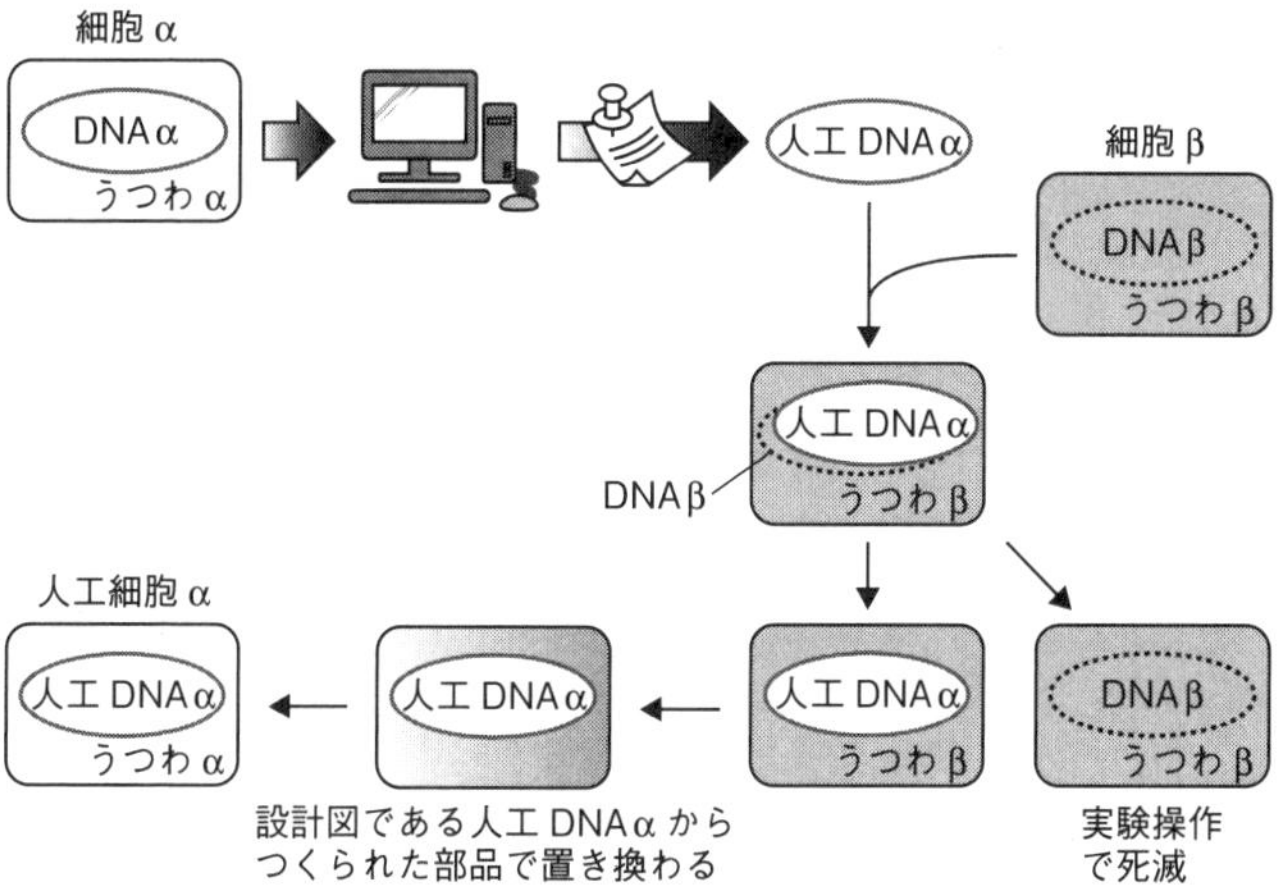

図2・2　人工細胞をつくる

はマイコプラズマという微生物一個分のDNAを丸ごとつくり、それを別種のマイコプラズマのDNAと入替えました。あるマイコプラズマを細胞αとよぶことにします。まず、この細胞αのゲノム情報を読み、コンピューター上に一度ストックします。つぎに、このコンピューター上にあるA、C、G、Tが並んだDNAの塩基配列情報に基づいて、いろいろな種類の短いDNAを数多く化学合成します。それを全部つなげて、百万文字からなる設計図であるゲノムDNA（人工DNAα）をつくりました。重要なことは、生物の中でゲノムDNAがつくられるときは鋳型となるDNAが必要ですが、ここではコンピューター上のデジタル情報からゲノムDNAがつくり出されているということです。

DNAを入替える細胞として、細胞αの近縁種である細胞βが使われました。もちろん、細胞βも自分の設計図をもっています。細胞は、設計図としてのDNAと、タンパク質や細胞膜からなる器《うつわ》からできていますから、人工的につくった細胞αのDNA（人工DNAα）を細胞βの中へそのまま丸ごと入れると、細胞βの器の中に、細胞αと細胞βの設計図が共存する状態になります。この二つの設計図をもった細胞が二つに分裂すると、器とDNAが元通りのβ型である細胞βと、β型の器に人工DNAαの入った細胞ができてきます。実験では、人工DNAαをもたない細胞は死滅するような仕掛けになっていますから、残ってくる細胞は、設計図が細胞αで器が細胞βというヘテロな状態にある細胞になります。その後、この細胞はどうなるのでしょうか。

器を構成している成分の設計図はDNAに書いてありますので、最終的に、β型の器はα型のDNAからつくられる成分で置き換わり、完全にα型の細胞になるはずです。二〇一〇年に発表された実験では、細胞βが細胞αに変わったことを証明するために、いろいろな方法を使っています。

ここで、少し考えてみてください。最終的にできた細胞αは、生きている細胞αのDNA分子をもらっているわけではありません。私は父親の精子の中にあるDNAと母親の卵の中にあるDNAをもらって生まれてきました。私のDNAは、祖父母、曾祖父母へと遡《さかのぼ》ってつながり、そのやり取りは地球上で三十億年以上続いてきたわけです。しかし、人工細胞αは、親のDNA情報はもらっていますが、DNA分子そのものをもらっていません。親からDNA分子をもらうことは、生物にとって共通の性質だったはずです。この人工生物を生物とよぶのであれば、生物にとって、親からDNA分子をもらうことは必須ではないということになります。このように、つくってみたことで、生物の定義を考えることにもつながってきました。それだからこそ、倫理についても考えなければならない状況にあるわけです。

どのタンパク質をいつ、どれだけつくるか

これまでの遺伝子工学は、糖尿病の薬となるヒトインスリン遺伝子を細菌に入れて、インスリン

タンパク質だけを大量生産するというようなものでした。ここで紹介した人工細胞は、ある細菌に別の細菌のゲノム、つまり遺伝子群全体の情報からなるＤＮＡを丸ごと入れたものですから、こういうことができるようになると、一個の細胞を、いろいろな種類のタンパク質をつくり出す工場のようなものにすることも考えられます。

いろいろな生物のゲノム情報がウェブ上に掲載されています。このような電子情報を使って、トマトやクラゲや海藻などさまざまな生物由来の遺伝子を組合わせた新しい遺伝子セットを設計し、それをもとに人工合成したＤＮＡを微生物などの細胞に入れることで、薬や燃料の効率的な生産が目指されています。あるいは環境浄化などに応用できるのではないか、という意見もあります。

実際に、酵母について複数の遺伝子を改変・導入して、薬剤の生産を試みた例はありますし、そういうことをやろうという動きはあります。ところが、ここに一つ落とし穴があります。遺伝子には、どのようなタンパク質をつくるかという情報だけではなくて、そのタンパク質を、いつ、どれだけつくるかという制御の情報も入っています。工場を例にすれば、工場にあるすべての工作機械をフルパワーで稼働し続けると、ラインのどこかで生産物が滞留することになります。あるいは、需要が減ったり、原料の供給が滞ったりしているときには、つくり続けても困るだけです。

生物でも、それは同じです。それぞれのタンパク質が、いつ、どれだけ必要なのかを調節している発現制御のネットワークは、個々の生物の中で完結しています。トマトにしても、クラゲにしても、それ自身の発現制御ネットワークをもっているわけですから、種々の生物の遺伝子を組合わせても、それらの発現を制御するプログラムができなければ、何の意味もありません。

遺伝子組換え生物の設計戦略

多くの人、特に異分野の研究者が遺伝子工学に対してもっている印象に、泥臭い、というものがあります。『ドラえもん』（二十巻一二四ページ）には、新種の細菌をつくり出すための、その名も「イキアタリバッタリサイキンメーカー」というすごい機械の出てくる話があります。ドラえもんは、「行き当たりばったりだから、なかなか思い通りの菌ができない。いままでに三八八種の菌をつくったけど、ろくなのがないから、気長にやろう」と言います。当時から、遺伝子工学は「行き当たりばったり」だと言われていましたが、今でもそのように言われることがあります。しかし、今までろくなものができなかったからといって、気長にやろうというわけにはいきません。

ホタルは自分自身で点滅します。人間は、ホタルのように点滅するものを電子回路でつくることができます。その場合は、まず、カタログに載っているトランジスタやダイオードなどを揃えます。それらは性能が既知で規格化された部品です。そして、設計図を描き、設計図どおりに動くかどうかをシミュレーションしてから、システムをつくるだろうと思います。

点滅する大腸菌

遺伝子工学の分野でも、ホタルのように点滅するシステムをつくった人がいます(文献6)。ホタルではなくて、大腸菌を点滅させました。このようなものが、単なる「行き当たりばったり」でできるでしょうか。

点滅する大腸菌は、三つの遺伝子の発現を制御する仕組みがループになっています。三つの遺伝子からできるタンパク質をグーとチョキとパーにたとえてみましょう。グーがいるとチョキが減り、チョキがいるとパーが減り、パーがいるとグーが減るということにすれば、グーが増えるとチョキが減り、チョキが減るとパーが増え、パーが増えるとグーが減り、グーが減るとチョキが増えて、チョキが増えたらパーが減るという状況になりますから、何となく振動しそうです。ただし、タイミングを少し間違えると、振幅がゼロになる回路も出てきますので、そうならないように、遺伝子の発現をオン・オフするネットワークの数理モデルを組んで、どういう条件であれば振動するかをシミュレーションしています。その結果、タンパク質の寿命が短いほうがよさそうだということがわかりました。次は生物学の出番です。そして、タンパク質を早く壊すような指令をＤＮＡに書き込むわけです。

この例からもわかるように、遺伝子工学を真の工学にするためには、複数の遺伝子の発現制御をシミュレーションする数理モデルをつくり、そこで要求される性能をタンパク質やＤＮＡに組込むという一連の手法が大切であると思います。

実験室でタンパク質などを扱う研究手法はウェットアプローチ、数理モデリングなどはドライアプローチとよばれることがあります。遺伝子ネットワークを「ものづくり」の立場で構築しようとすると、ウェットとドライのアプローチを順次組合わせた確実な設計戦略が必要です。そして、不適切な遺伝子回路は設計過程の早い段階で諦めることが大事です。「ものづくり」というのは、多様な部品の組合わせ、あるいはパラメーターセットを絞り込むことだからです。

発生過程のモデル

一九五七年にウォディントン（Conrad Hal Waddington, 一九〇五–一九七五）が提案した「エピジェネティック・ランドスケープ（Epigenetic Landscape）」というモデルがあります。そのモデルは、一つの受精卵からいろいろな種類の細胞が生じてくる複雑な発生過程を、山や谷のある地形図でシンプルに表したもので、上のほうに谷が一つあり、下に行くと谷の数が増えるという形になっています。上の谷にたくさんのボールを置くと、下にあるそれぞれの谷に向かってボールが落ちてゆくわけです。私を含めた多くの生物学者は、ボールが時間の経過と共にただ下へ転がるだけだと考えていたところがあります。ところが、山中伸弥先生は、ウォディントン・モデルを使って、iPS細胞は下の谷から上の谷へ行くことであると説明したのです(文献7)(図2・3)。私たちはタイムマシンをもっていませんので、その意味するところを考えてみると、細胞内の遺伝子間の相互作用や細胞間の相互作用は時間と共に変わってゆきます。そういう要素が、モデルにおける谷の数を決めているのではないか、ということになります。

そこで、私たちは、そのような地形に対応した遺伝子ネットワークをつくってみようと考えました(文献8)。一個の谷から始まって二個の谷になるようなモデルです(図2・4)。水平方向は、細胞の内部状態、ここでは細胞間通信分子の生産状態を表しています。垂直方向は、通

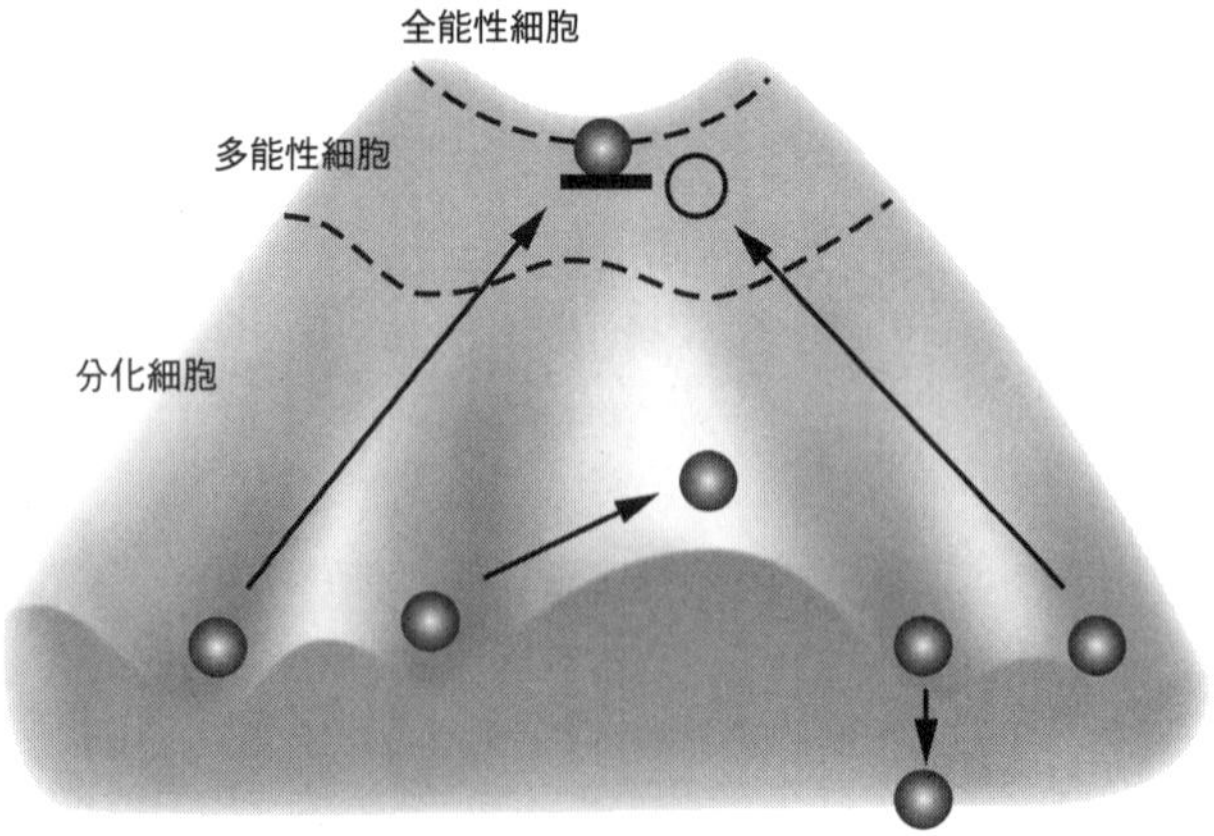

図2・3　エピジェネティック・ランドスケープと iPS 細胞　S. Yamanaka, 'Elite and stochastic models for induced pluripotent stem cell generation', *Nature*, **460**, 49–52 (2009) より改変.

信分子の濃度、すなわち細胞間の相互作用の強さを表しています。四個の遺伝子からなるネットワークですが、それらが互いに影響し合う遺伝子回路を設計しました。通信分子を少ししか生産しない細胞（L）があって、通信分子が増えてくると地形が少し盛り上がり、細胞集団の分布が盛り上がった尾根で分断されることで、通信分子を他よりもちょっとだけ多く生産する細胞（H）は左の谷へ、通信分子の生産が他よりもちょっとだけ少ない細胞は右の谷へ転がるという仕組みです。それを数理モデルで計算して、動作する見込みが大きいネットワークを作製しました。実際にウェットの実験を行ってみると、通信分子の少ない細胞が存在する状態から、時間の経過とともに、通信分子の濃度が高くなり、最終的に、通信分子の生産が少ない細胞と通信分子の生産が多い細胞ができるという遺伝子ネットワークの流れを再現することができました。

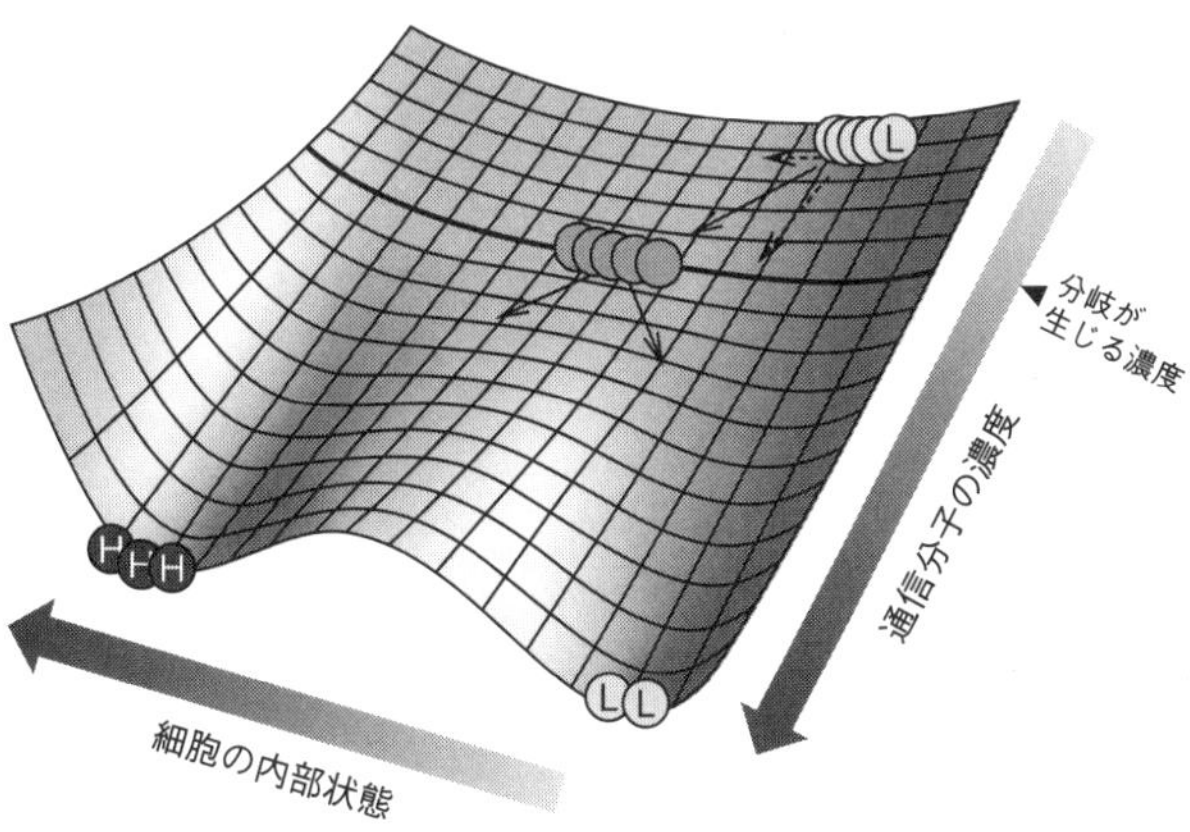

図2・4　地形で規定する人工遺伝子回路の構築

遺伝子工学を真の工学にするためには、行き当たりばったりで行う前に、自分のつくろうとしているものを本当につくることができるのか、そうすることが、どのくらい大変なのかということを事前に考えておくことも大切だと思います。

遺伝子版ロボットコンテスト

私たちは、数理モデリングと遺伝子ネットワークをつくることを合わせた合成生物学の国際学生コンテスト(注4)に参加しています。これは、遺伝子版ロボットコンテストですが、学生たちは割と頑張ってくれていて、毎年、好成績を収めています（66ページ、コラム参照）。私は、その指導実績が認められ、二〇一二年十二月に、「ナイスステップな研究者(注5)」に選定されました。

合成生物学というと、何か怖いものをつくるのではないかと懸念されることもありますので、社会とのかかわり方については、私たちも気をつけていますし、学生たちにもよく考えてもらうようにしています。

遺伝子を組合わせて、それを別の生物に入れるという研究を紹介しましたが、遺伝子ではなくて、さまざまなタンパク質や、新しくつくったDNAやRNAなどを試験管内で組合わせて、人工的な膜構造の中に入れるというような研究はかなり進んできていますので、この方面からの人工細胞の構築も達成されると思います。

7　生命は人工合成できるか

最後に、生命を人工合成できるかどうかを考えてみます。技術的にはできるだろうと思います。それでも、本節のタイトルが疑問形になっているのは、必ず、「生命を人工合成してもよいか」という倫理的な問題がついて回るからです。細胞をつくる分野の研究者たちは、科学者の独走で技術開発を進めてはいけないということを常に肝に銘じています。国際学会でも、国内の研究会でも、私たちは必ず、社会科学のセッションをもつようにしています。つくることで、物質的な豊かさや精神的な豊かさを社会に提供できるようにしたいと考えてはいても、やはり、いろいろな問題が生じうると思うからです。

ここでは、特に技術的なリスクについて述べます。何かをすることで起こってくる問題は、予期

（注4）ｉＧＥＭ（The International Genetically Engineered Machine Competition, 国際遺伝子工学マシン競技会）という合成生物学の大会で、毎年、マサチューセッツ工科大学（ＭＩＴ）で開催される。

（注5）文部科学省科学技術政策研究所（ＮＩＳＴＥＰ）が、二〇〇五年から毎年、科学技術への顕著な貢献をした研究者を選定。

た要素も加えたプレゼンテーションをつくります．

ロミオとジュリエット　2012年の東工大チームは，“ロミオとジュリエット”というテーマで情報処理分野賞を獲得しました．“愛”に相当するシグナルを相手に与えるように遺伝子操作したロミオ大腸菌とジュリエット大腸菌をつくりました．ロミオ大腸菌がジュリエットへの愛のシグナルを送ると，それを受け取ったジュリエット大腸菌は，ロミオへの愛のシグナルを送ります．そのシグナルを受け取ったロミオ大腸菌はジュリエットに愛のシグナルを送ります．こうして，愛のカップルが生まれます．ところが，そのうち，ジュリエット大腸菌は生きてはいますが，愛のシグナルを出さなくなる仕掛けを組込んであります．物語でいえば死んだふりをすると，ロミオ大腸菌はジュリエット大腸菌が本当に死んでしまったと思い込み自殺してしまいます．ジュリエット大腸菌は，ロミオ大腸菌が本当に死んでしまったのを見て，自分も自殺してしまいます．

合成生物学での仕掛けは，大腸菌に愛のシグナルをつくる遺伝子を入れて，どれだけの愛のシグナルを相手から受け取ったらどれだけの愛のシグナルを自分でつくって相手に与えるかも制御します．遺伝子は，どういうシグナルをつくるかを決めるだけでなく，そのシグナルをいつ，どれだけつくるかを決める情報ももっています．この遺伝子発現を制御しないと，このカップルはどんどん愛のシグナルをつくり合い続けてしまい，バカップルになってしまいます．メンバーの話では，上手く愛のカップルになるかどうかを制御しているのは，女性のジュリエット大腸菌だそうです．

学部3年生がチームの主力　東工大チームのメンバーはだいたい学部3年生です．ふつうではまだ座学や学生実験しかできず，合成生物学の実際の研究を行うことができません．自分で何かやりたいという思いをもった学生はとてもよい機会だと思って参加してくるといいます．ただし楽な活動ではなく，チームのメンバーになって使う時間は，卒業するための全単位をとれるほどの時間になるそうです．

チームには生物分野の学生だけではなく，情報科学や電気通信関係の学生も参加して，役割を分担することもよくあります．今回のロミオとジュリエットでも，情報科学の学生が参加して遺伝子発現制御のシミュレーションを行ったことが成功の大きな要因となりました．

貴重な教育の場　学部3年ぐらいの学生が，自分でテーマを考え，合成生物学の技術を実際に使ってそれを実現する，しかも世界の同じような学生がどんなことをしているかを知り合える，教育の場としても貴重なイベントです．

バイオロボコン

バイオロボコンとは　バイオロボコンは，学生が合成生物学の手法で，独創的な細胞をつくって競い合うイベントです．2003 年に米国 MIT で始まり，2006 年からは世界中の大学が参加できるようになりました．地域単位で予選大会を行い，勝ち抜いたチームが毎年 MIT で行われる世界大会に参加します．バイオロボコンでは，オープンソースの考え方に立っています．また，他のチームを助けることや，社会との関連を考えることを重視しています．

東京工業大学チーム　2006 年に世界中から参加可能となって以来参加している東工大チームの話を聞きました．東工大チームは，これまでに日本の他チームが獲得できていない部門賞を 2 回受賞しています．また，学生だけの投票で決まる賞があり，2011 年はその学生投票世界一になりました．

東工大の場合は，3 月か 4 月頃から学生自身が音頭をとる“この指とまれ”方式でチームをつくり，夏休みを利用して合成生物学の技術で実際に細胞を改変して，10 月の地域予選を経て，11 月の世界大会に出場します．

プランの検討は，どんなものをつくりたいかに関連するキーワードをメンバーがそれぞれ 5 個ぐらいずつ提案するところから始まります．このようにしてまず多くのキーワードをあげます．そのなかから生物では絶対に無理なこと（たとえば常温核融合など），倫理にもとるものを除きます．残ったキーワードについて，メンバーが分担してインターネット検索し，それぞれのキーワードに近い研究を集めます．まず，日本語のサイトを検索します．何も参考になる情報がなければ，そのキーワードは終わりにします．その次に日本語の専門誌の記事などを検索します．そうすると英語論文への手がかりが見つかります．さらに英語の情報検索を行い，英語の原著論文を読みます．これを最初の 1～2 カ月で行います．上手くいかないものはそこでやめます．そうして大体一つのテーマに絞ります．このようにして挑戦可能なテーマを決定します．また，アウトプットは科学のデータとして通用する形式にしなければなりません．つまり，前提と実験条件を明確にして，後で他の人が追試をしたり，検証したりすることができるようにしておかなければなりません．

実際に遺伝子操作など合成生物学の技術を使うので，それは教員の監督のもと，大学院生や助教からメンバーが教えてもらい，メンバー間でも理解を確認します．遺伝子操作を行うために必要な審査の申請はチームを指導する教員が行います．そういう準備をしたうえで，夏休みの時間をフルに使って実際に遺伝子操作を行い，テーマを実現する細胞などをつくります．バイオロボコンでは，社会との関連も重視しているので，成果を社会的な視点で見しない事故と悪意をもった創造の二つに大別されると思います。予期しない事故に対しては、新しい技術自体が予期しない事故を防ぐことにつながるのではないかと思っています。たとえば、ゲノムを丸ごと人工合成する場合は、自分の署名を入れることができます。つくったものが悪さをしてしまったとき、それをつくった人に連絡できるように、名前などの情報をＤＮＡの中に書き込むわけです。

それよりも難しいのは、悪意をもった創造に対処することです。現時点では、毒になるようなタンパク質や危険なウイルスをつくろうとして、ＤＮＡの合成を注文しても、合成会社から断られることになっています。そういう会社には、注文を受けたＤＮＡ配列をスクリーニングするシステムがあるからです。

このように水際で止めることも大切ですが、それよりも、「つくるアプローチ」で目指すべきことを理解できる人々が増えてくれることのほうが重要だと考えています。そういう意味では、学生コンテストは非常に楽しく「つくる生物学」にふれてもらうよい機会です。文系の学生が参加するチームもあり、コンテストの経験者が社会の各方面に巣立ってゆくことが有益だと思います。また、コンテストでは、学生たちの社会への働きかけが評価されます。たとえば、小中学生への説明を行ったこともありました。よくわからないものは怖いとみなされがちなので、私も、いろいろな機会を捉えて、できる限り、合成生物学の現状についてお話したいと思っています。二〇一〇年には武田計測先端知財団主催のカフェ・デ・サイエンスでゲストを務めましたし、二〇一二年の学術会議のシンポジウムでも、バイオセキュリティーのワークショップで話す機会がありました。

8　おわりに

私が一番興味深く思っていることは、これまでに述べたような新しい生命の「かたち」に対して、人はどう臨むかということです。親から直接DNA分子をもらっていない生物を生物と認めてもよいのでしょうか。生物工学の進展とともに、私たちは、これからもいろいろな生命のかたちに遭遇するだろうと思います。これをどう受けとめてゆくのでしょうか。そういう議論を社会全体で進めてゆくことが重要ではないかと考えています。

第3章　細胞シート再生医療

岡野光夫

「細胞治療」といっても、ばらばらの細胞をそのまま体内に注射しても効果はありません。世界初にして日本発の「細胞シート」再生医療では、細胞をシート状にして病気の臓器に貼りつけます。それにより臓器移植をしたかのように治療できます。「細胞シート」は、患者自身の細胞から作製するので、臓器提供者が不要で、拒絶反応の心配もないなどの利点をもった画期的な治療法です。

1 はじめに

再生医療は、培養された細胞や組織を用いて、損傷した臓器や組織を修復・再生する治療システムです。再生医療に使われる細胞というと私たちの体の中の体性幹細胞がよく知られていますが、二〇〇六年、山中伸弥教授(注1)によって発明されたｉＰＳ細胞（人工多能性幹細胞）は将来に向けて大きな可能性を秘めた細胞です。ｉＰＳ細胞は成人の皮膚の細胞を発生初期の状態に戻した細胞です。この細胞から種々の細胞を大量に生産することができれば、再生医療に役立つのではないかと期待されているわけです。しかし、単に細胞を体内に注射しても、それが体の中に生着するわけではありません。細胞を治療に使うことができるようにする技術が必要なのです。

私たちは、「細胞シート工学」（図3・1）という革新的なテクノロジーを開発し、実際に私たちの体にある細胞を使って、さまざまな病気の治療を行おうとしています。この技術は再生医療の世界を大きく推進させました。今、世界的な注目を浴びている技術なのです。

（注1）二〇一二年のノーベル生理学・医学賞受賞。

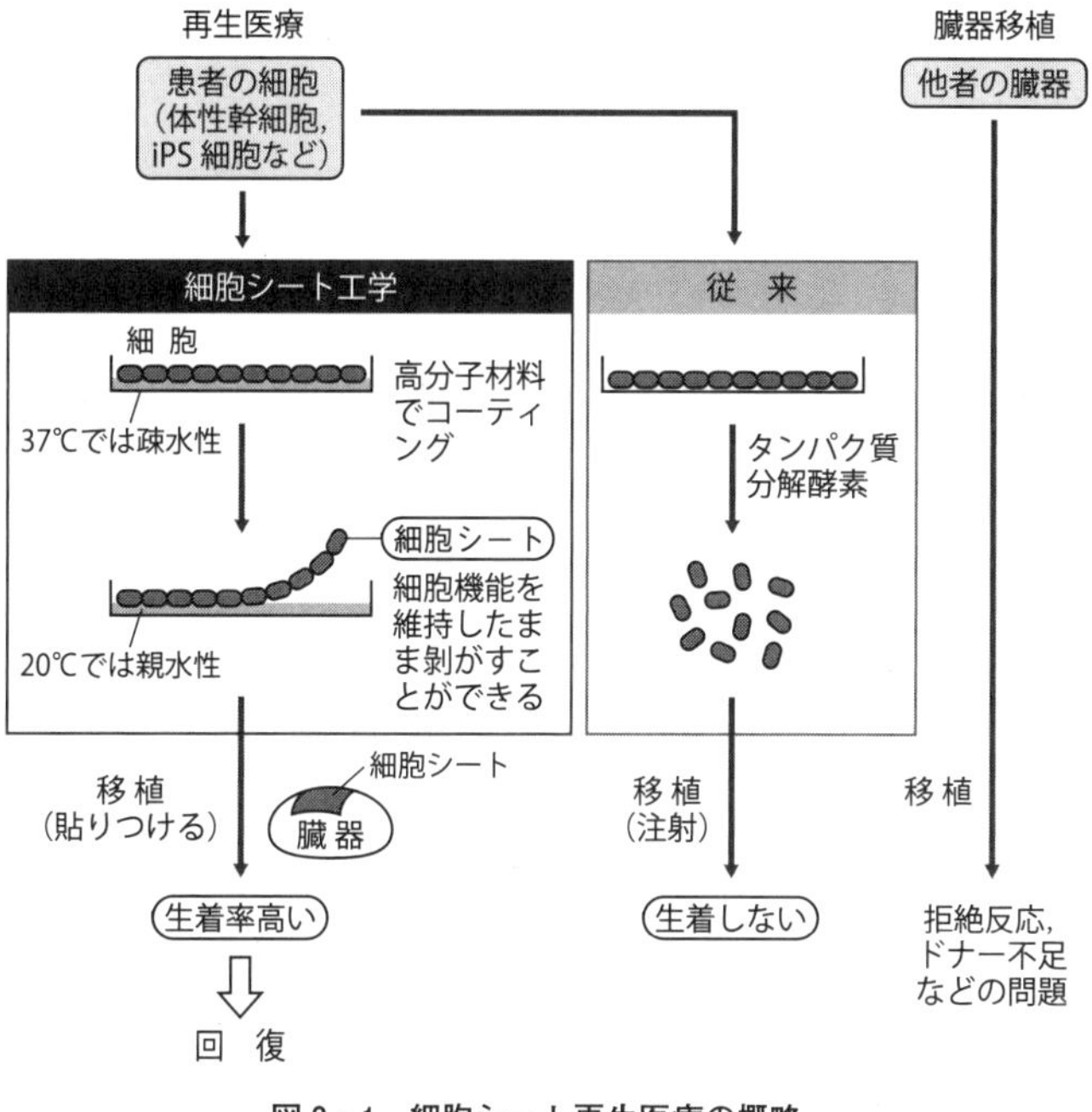

図3・1　細胞シート再生医療の概略

2　日本の医療を考える

本題に入る前に、日本の医療について考えてみたいと思います。国民皆保険制度は、病院へ行けばいつでも誰でも診てもらうことができるという長所はありますが、実は、技術開発のインセンティブを低下させるという、非常に大きな問題をいくつか抱えています。一番大きな問題は、治療をやればやるほど、治療に必要な医薬品や医療機器を欧米からの輸入に依存しがちになるということです。二〇一一年度の国家予算は九十兆円でしたが、そのうち国民医療費は約四十兆円にもなります。どうしてこのようなことになったのでしょうか。

私が学生の頃は、ポラロイドやコダックという会社は、写真で有名な素晴らしい会社でした。しかし、今ではどちらもなくなっています。優れた技術にとらわれ、新しい発展に失敗したためです。フィルムと半導体を融合したデジタルカメラの技術開発に敗れてしまったのです。米国では、若者たちがどんどんベンチャー企業を立ち上げて挑戦してきました。そして、アップル社のスティーブ・ジョブス（Steven Paul Jobs, 一九五五－二〇一一）が電話とコンピューターを融合したiPhone（アイフォーン）をつくるわけです。今のスマートフォンの原型です。

この例のように、二十一世紀に入ってから、今まで異質だったものが融合することによって、新しい世界が生まれようとしています。医師のなかには、長年患者の治療に携わってきた「神の手」とよばれるような名医がいます。しかし、そのような医師の治療を受けることができる患者は限られています。欧米では、どんな医師でも名医と同じような治療を施すことができるように、医学と工学が連携し、薬や機器の開発をどんどん進め、若い医師でも名医と同じような治療ができるようにしています。ところが、日本では、患者の処置をすることが医学になっていますから、そういう開発はなかなか進みません。医療の産業化が進まないのです。

医薬品の世界を振り返ってみましょう。過去の創薬は低分子化合物が主流でしたが、一九八〇年代になると、遺伝子工学という分野が確立され、タンパク質が薬になる時代がきます。この分野から、二十年後、十五兆～十八兆円という大きな市場が生まれました。米国は、二十年もの間、バイオ医薬分野の研究者にお金を注ぎ込んで開発させていたからです。日本の場合は、目の前の短期間のことしか考えませんし、長期にわたる研究の目利きもできませんから、市場のほとんどは欧米に取られてしまいました。その結果、遺伝子工学でつくられたバイオ医薬品は、欧米から輸入しなければ治療に使うことができないという状況になっています。一九九〇年頃には、遺伝子を薬として体に送り込む治療が始まりました。まだ、多くの患者を治すところまでには達していませんが、遺伝子で治療する時代はすぐ目の前まできているのです。

日本でも、二〇〇〇年以降、組織や臓器の移植が行われています。二〇〇九年に臓器移植法が改正されてから、十五歳未満の子供でもドナーになることができるようになりました。しかし、日本ではなかなかドナーが現れませんから、臓器移植が必要な患者は、寄付を集め、米国へ行って待機することになります。米国は医療の進んだ素晴らしい国で、適合した心臓が出てくれれば、日本の患者にも移植してくれます。

医学の進展で、かつては治らなかった多くの病気が治るようになりました。では、今治らない病気はどうなるのでしょうか。日本の医学は、この問題についての答えを用意しているわけではありません。基礎医学では、解析研究をすることで病気のメカニズムはわかるようになります。しかし、治らない病気を治そうということに本気で取組むような戦略性はありません。米国の大学は病院の後ろに病院よりも大きな研究所をもっています。そこに、医師だけでなく、いろいろな分野の科学者や技術者を結集させて、今治らない病気を治すための先端医療を開発する仕組みができあがっています。

実は、日本では心臓ペースメーカーをつくることができません。ソニーやパナソニックのような世界有数の電気メーカーがあって、これほどのハイテクを誇る国でありながら、心臓ペースメーカーの一台さえつくることができないのです。人体の中に入れて事故でも起こしたら大変だという理由で、企業がつくりたがらないからです。こうした事故が起こる可能性も視野に入れ、法規を改正するなどして、先端医療や再生医療などの新しいテクノロジーをどんどん取入れて行かなければ、治らない病気に苦しむ日本の患者たちを救うことはできないと思っています。

3　医学と工学の融合

私は、人工心臓を最初にヒトに適用したことで有名な米国ユタ大学で、四年余りの研究生活を送りました。東京女子医科大学に戻ったのは一九八八年のことですが、心臓外科医だった櫻井靖久先生（一九三四–二〇一一）と一緒に、医学と工学を融合させた研究所を発展させたいと考えていました。そして二〇〇〇年から、大学院で先端生命医科学専攻を創設し、新しい研究と教育に乗り出しています。

二〇〇八年からは、東京女子医科大学と早稲田大学との連携施設（ＴＷＩｎｓ: Tokyo Women's Medical University–Waseda University Joint Institution for Advanced Biomedical Sciences）を設立して、新しいハイテク医療の実現を目指しています。早稲田大学との共同大学院もスタートさせ、レギュラトリーサイエンスの博士課程を実現しました。工学部や薬学部の修士号をもっている人や、医学部を卒業した人が受験できます。

東京女子医科大学は、今より四十年以上も前から、医学部の卒業生以外の社会人に系統的に医学を教える「バイオメディカル・カリキュラム」という一年コースの公開講座をスタートさせていました。その卒業生のなかには、オリンパスで内視鏡の開発を成功させた人や、東芝でヘリカルCTの開発を行った人など、企業で活躍している人も大勢います。

TWInsでは、医学者や工学者に限らず、理学系や薬学系の研究者は言うに及ばず、企業のエンジニアや獣医など、いろいろな分野の人たちが、それぞれに異なる手法を駆使することで相乗効果を生み出すような研究体制をとっています。そうすることが、治らない病気を治すことにつながってゆくと考えているからです。

4 ティッシュ・エンジニアリング（組織工学）とは

iPS細胞はES細胞（胚性幹細胞）と同様に、ヒトのあらゆる細胞に分化する能力をもっている特別の細胞で、万能細胞とよばれています。しかし、iPS細胞やES細胞からできた細胞を直接体内に注射しても定着するわけではありませんし、それらの細胞を大量に集めて固めただけでは生きた組織になりません。

細胞を治療に使うためには、ティッシュ・エンジニアリングという技術が必要です。ばらばらな細胞を集めて高度な機能を発揮する三次元構造、つまり、組織・臓器のようなものをつくる技術です。それには大きく分けて二つの方法があります。一つはスカフォールド（足場）工学とよばれるもので、ハーバード大学のバカンティ（Joseph P. Vacanti）教授と、マサチューセッツ工科大学のランガー（Robert S. Langer）教授のグループによって開発されました。もう一つの方法は、私が開発した細胞シートを使う、細胞シート工学です。世界初にして、日本発の再生医療テクノロジーです。

スカフォールドを使う技術は一九九三年にサイエンス誌(文献9)で紹介されました。その後、体の中で徐々に溶けるバイオマテリアル（乳酸-グルコール酸コポリマー）で耳の形をしたものをつくり、それにヒトの軟骨細胞を混ぜてマウスの背中に埋め込むという実験をしてみせました。これが、ヒトの耳を背中につけたマウス(注2)として、全米のテレビで放映され、大騒ぎになりました。

ハーバード大学医学部の泌尿器科の医師であったアタラ（Anthony Atala）教授は、この方法でつくった膀胱を初めてヒトに移植したことで有名です。彼は、再生医療のためにウェイク・フォーレスト大学に設置された非常に大きな研究所（Wake Forest Institute for Regenerative Medicine）の所長でもあります。

スカフォールド技術はまだ完璧ではありませんが、現在、この技術でつくられた骨や軟骨などが

（注2）免疫系が阻害されているヌードマウスとよばれるもので、ヒトの細胞を入れても拒絶反応が起こらないように操作された実験動物。

治療に使われ始めています。

5　日本発の再生医療テクノロジー――細胞シート工学

私たちが細胞シートの開発に成功したのは一九九〇年のことです。その技術は、二〇一一年に、「プロフェッショナル」というＮＨＫの番組で、「『夢の医療』に挑む」と題して紹介されました。

私は、ユタ大学で、温度に応答して変化するような高分子を研究していたので、一九八八年に日本へ戻ってきたとき、それを使った研究を新たに始めようと考えました。その頃には種々のヒトの細胞を培養皿で増殖させることができるようになりつつありました。しかし、培養した細胞を治療に使うためには、培養皿から取出さなければなりません。一般的には、トリプシンやディスパーゼのようなタンパク質分解酵素を加えて、培養皿に接着しているタンパク質や細胞表面のタンパク質を切断して取出すという方法がとられます。酵素は、接着タンパク質だけでなく、細胞膜の表面でセンサー、レセプター、あるいはリガンドとして非常に重要な働きをしているタンパク質も壊してしまうのです。これでは、培養細胞の機能を十分に生かすことができません。細胞膜タンパク質も壊れているので、体の中へ入れても生着せずに流れてしまいます。このように機能の落ちた細胞で治療をしても、効果が現れるはずはありません。

そこで、私が考えたのは、酵素を使わずに培養細胞を培養皿から剝がす方法でした。ちょうどその頃、細胞を使って描かれた世界地図（図3・2）をつくっていました。陸地の部分にくっついているのは血管の内皮細胞です。陸地は疎水性の高分子材料でつくられています。細胞のないところは親水性の高分子材料でつくられ、それが海になっています。それを見た私は、外から何らかの刺激を与えることによって、細胞がつく表面を細胞がつかない表面に変えられないだろうかと考えました。それができれば、酵素処理をせずに、培養細胞を剝がすことができるのではないかと思ったのです。

そこで注目したのが、温度に応答して変化するポリ(*N*-イソプロピルアクリルアミド)という高分子でした。一般に、分子が水に溶けるときは、

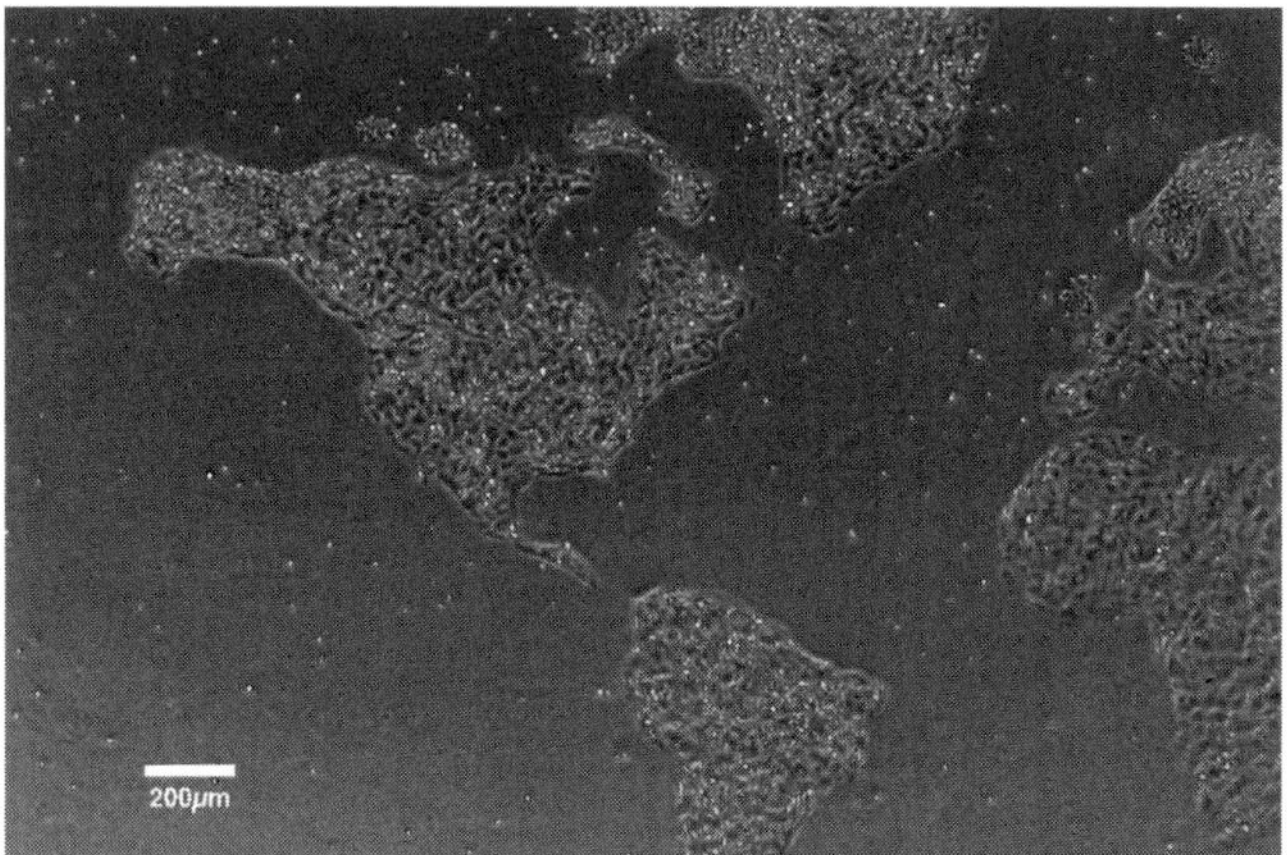

図3・2　血管の内皮細胞で描かれた世界地図

水を吸着して水和した状態になっています。ポリ（N-イソプロピルアクリルアミド）は、三二℃以上では水和状態になっているのですが、三二℃以下になると脱水和が起こって疎水性の部分で凝集します。これを相転移といいます。三二℃を境にして、水に溶ける状態から溶けない状態に変わるわけです。

その高分子を培養皿の表面に薄く均質に敷き詰めるために、一年以上も試行錯誤を繰返しました。その結果、約二〇ナノメートルの厚さで均一に表面固定することが重要だとわかりました。細胞一個の大きさは二〇マイクロメートルですから、その千分の一くらいの薄さです。こうしてつくった培養皿の表面を「インテリジェント表面」とよんでいます。

まず、培養皿を三七℃に設定して細胞を蒔《ま》きます。やがて、細胞は増殖して単層の細胞シートになります。そこで、温度を二〇℃に下げると、ポリ（N-イソプロピルアクリルアミド）が親水性に変わり、インテリジェント表面と培養細胞の間に水が浸透してきます。この一連の操作で、培養細胞を傷つけることなく、一枚のシートとして、きれいに剝がすことができます。

ここまできたときに、いよいよ動物実験ということになりました。細胞シートの片面には接着タンパク質がついているために、移植操作も容易で、移植後の生着も円滑に進行します。十年以上の動物実験の後に、臨床研究を開始することができました。その適用範囲は非常に広く、現在、角膜、皮膚、歯根膜、心臓、軟骨、食道を対象とした臨床試験が始まっています。これから、その例をいくつか紹介しましょう。

6　口腔粘膜の細胞シートを使った角膜の再生

最初に手がけたのは、角膜でした。ウイルスや細菌の感染、酸やアルカリ、あるいは、火傷による外傷、薬の副作用、遺伝的要因などで角膜に障害を受けたために、移植でしか治すことができない人は世界中に大勢います。日本では、年間千五百〜二千件の角膜移植が行われていますが、ドナーが少ないために、その約七割を海外からの輸入に頼っています。自分の国ではわずか二百〜三百の角膜しか提供できない状況ですが、それを待っている患者は何万人といます。

角膜上皮幹細胞疲弊症という角膜の病気があります。角膜上皮にある幹細胞が機能を失ったために、上皮細胞の再生が困難になり、そこへ白目部分の結膜が侵入してくると透明性がなくなって、失明の危険が出てきます。スティーブンス・ジョンソン症候群（注３）による失明もこの幹細胞の損傷

（注３）高熱を伴った発疹、発赤、びらん、水疱などの症状が、皮膚、口、目などの粘膜に現れる病態。医薬品が原因の場合が多いと考えられているが、ウイルス、マイコプラズマ、細菌などの感染によるものも知られている。

が原因です。このような患者を細胞シートで治療する場合、片目だけの損傷であれば、健康な目のほうから幹細胞を採取して培養すればよいのですが、実際には両目とも悪くなっていることが多いのです。

私たちは患者の口腔粘膜から二平方ミリメートルの大きさの上皮細胞組織を採取し、それを三七℃で二週間培養して一枚の細胞シートを作製しました。そして、濁った角膜の表面の結膜を外科的に除去した後に、その細胞シートを貼りつけました。細胞シートの片面には糊のような接着タンパク質がついていますから、シートはしっかりと貼りつきました。しかも、口腔粘膜の細胞が角膜上皮にきわめて近い状態に分化して、透明性を回復したのです。

この仕事は、約十五年前、西田幸二先生〔大阪大学大学院医学系研究科脳神経感覚器外科学講座(眼科学)教授〕と一緒に始めました。最初の臨床試験では、四人の患者に移植して、平均十四カ月間のフォローアップをした後、*New England Journal of Medicine* 誌に論文(文献10)を発表しました。これはインパクトファクターの高い有名な雑誌ですから、細胞シートを使った世界初の角膜再生ということで、世界的にも騒がれました。

そうなると、その治験を実施したいと思うわけですが、厳しい問題にぶつかりました。東京女子医科大学で細胞シートをつくり、それを東京女子医科大学の患者に使う分には、臨床研究という名目で何とか実施できます。しかし、その細胞シートを他の大学病院へ持っていって移植しようとすると、薬事法に基づく認可を受けなければいけません。そのためには莫大な費用がかかります。そのうえ、その治療の安全と効果を担保するために、膨大なデータが必要になります。それらの条件をすべて満たそうとすると五年や十年はかかってしまいますから、その間、研究者を維持・確保してゆくのは非常に難しいと思っていました。

困っているところへ、フランスのリヨン国立病院組織培養バンク所長のオディール・ダムール（Odile Damour）先生からフランスで治験をしようという申し出がありました。ダムール先生は、フランスで初めて皮膚の細胞を医療に使えるようにした薬学者であり、臨床生物学者でもあります。

計画としては、大学発ベンチャーのセルシードが二〇〇七年からフランスで治験を行い、その後、フランスで認可を受けて治療を始めることになっていました。フランスでの治験はすでに終わっているのですが、認可を取ろうとしたときに、ＥＵ（欧州連合）からの認可が必要だということになりました。私たちはフランスでの治験データしかもっていませんので、欧州の認可を得るためには、もっとデータを集めなければなりません。そのためには、すごくお金がかかりますし、他にも大変な問題はたくさんあります。

現時点では、大学の規制、国の規制、医療の規制など、二十世紀につくられたいろいろな規制で、新しいことはなかなかできませんが、そうした問題を一つ一つ解決しながら、前へ進んでゆこうとしています。

7　食道上皮がんの内視鏡的切除後の狭窄を克服

かつての食道がんの治療は、腫瘍部分を取除き、短くなった食道に胃を持ち上げてつなぐという手術が行われていました。首と胸と腹部にメスを入れる大手術です。食道表面の初期がんに対しては内視鏡を使って、表面のがんの部分だけを特別なナイフで切除することができます（内視鏡的切除）。ところが、そうやってがんをとった後、食道が狭くなる術後狭窄という新たな問題が出てきました。食道が狭くなると、水や食べ物が通りづらくなるため、喉にバルーン（風船）を入れて押し広げるという治療が行われます。これが大変な苦痛を伴うわけです。それも一回や二回で終わらず、四十~五十回も繰返されます。

私たちは、上皮食道がんを切除した痕《あと》に口腔粘膜細胞からつくった細胞シートを貼りつけることで、術後狭窄が止められるのではないかと考えました。動物モデルを使い、食道上皮を切除した痕に口腔粘膜細胞シートを貼るという実験（文献11）はうまくいきました。何もやらないと、食道はどんどん細くなっていきますが、細胞シートを貼りつけた場合は、術後の炎症も起こらないので治癒が早まりますし、狭窄も起こりません。

この研究を担当した大木岳志先生（現東京女子医科大学消化器外科講師）は、先端生命医科学研究所の大学院に入り、四年間で動物の実験を成功させて医学博士号を取得しました。その後、病院に戻ってからも、夕方になると必ず私たちの研究所に来て研究を続け、遂に世界初の臨床研究に臨むところまできたのです。

二〇〇八年から臨床研究が始まり、これまでに十人の患者を治療しています。そのうちの九人は二～三日で治すことに成功しました。必ずしも思い通りにいかなかった一例は、がんが縦に長く広がっていたために、細胞シートを貼ることのできない部分が多く残ってしまいました。狭窄が起こったのはその部分です。しかし、バルーンを使う回数が半分にまで減ったので、細胞シートを貼っただけの効果はあったといえます。

このような治療を日本中の病院で行えるようにするためには、多くの患者を集めた治験が必要で、それにはスポンサーが必要なのですが、日本の製薬会社は新しいことに取組むのをためらいますので、待っていてもスポンサーはなかなか現れません。

スウェーデンのカロリンスカ研究所は二〇一〇年に創立二百周年を迎えた医科大学です。その年の十一月に、カロリンスカ研究所と先端生命医科学研究所との間で研究と教育に関する連携協定が結ばれ、総長であるヴァルベリ－ヘンリクソン（Harriet Wallberg-Henriksson）教授と私が契約書に調印しました。そして、二〇一二年十二月、ついに、スウェーデンで二人の患者の臨床研究が始まりました。

この患者の食道は、胃酸の逆流によって食道の扁平上皮細胞が円柱上皮細胞に変化したバレット食道とよばれる一種の前がん状態を示していました。バレット食道になると、がんになりやすいために、その部分を焼き切るような治療が施されます。それはがんの内視鏡的切除と同じようなものですから、やはり術後狭窄が起こります。

私たちの研究所とカロリンスカ研究所のスタッフ、外科医、研究者が行ったり来たりしながら、テクノロジーをお互いにどんどん提供し合っています。今の世の中は競争ばかりが強調されて、なかなか一緒にやりたがりませんが、一人でも多くの患者を治すためには、すぐれた技術を結集することも必要だと思っています。

8　歯根膜細胞シートを使う歯周組織の再生

現在、四十歳以上の日本人の七~八割は歯周病だと言われています。若いときに比べて歯が長くなったように見えるのは、歯が伸びたのではなくて、歯茎が落ちたからです。歯茎が落ちると、歯の周りの骨も一緒に落ちてきますので、やがて歯は抜けてしまいます。満八十歳で二十本以上の歯が残っていれば、クオリティー・オブ・ライフ（QOL）はまったく違うということで、厚生労働省が八〇二〇運動というのを展開しています。

この運動を提唱した石川烈先生は、歯周病学会の会長を務めた方で、東京医科歯科大学の教授でした。一九九九年頃から共同研究を始めたのですが、二〇〇五年に定年となり、この年から、私たちの研究所の客員教授をされています。

歯根膜というのは歯と歯槽骨の間にある組織のことです。この歯根膜が再生する能力を失うと、歯茎が落ちてきます。石川先生らのグループは、「親知らず」から採った歯根膜細胞を培養して細胞シートをつくり、それを歯茎の骨が落ちているところに貼りつけることによって、歯の周りの骨が再生し、歯も抜けなくなるということを、動物実験で示しました（文献12）。

これもまた、動物で成功してから人間でやれるようになるまで、非常に高いハードルがあったのですが、二〇一一年に臨床試験を開始することができました。実際の治療では、歯の周囲に歯根膜細胞シートを巻き、その周りに骨の再生を誘発するためのセラミックスを入れ、歯茎を上に持ち上げて縫います。これで、その晩から食事ができます。

最初の臨床試験を受けた患者は、現在、半年から一年程度経過していることになりますが、レントゲンで見ると、歯の周りに骨が再生してきていますので、かなりうまくいっているのではないかと思います。

9　軟骨細胞シートによる関節軟骨の再生治療

膝関節の軟骨が損傷している部位に、関節の中にある組織から単離した軟骨細胞でつくった細胞シートを移植するという研究は、佐藤正人先生（東海大学医学部准教授）がヒトに適用できるところまで頑張ってくれました。二〇一一年に臨床試験が開始されて、現在までに、三人の患者を治療しています。これまでにも軟骨をつくる治療はあったのですが、膝にかかる圧力に耐えられるような軟骨はなかなかできませんでした。臨床試験の結果を見ると、かなりよい軟骨ができるところまできていると思います。

10　心臓の虚血部位への心筋細胞シート移植治療

ラットの心筋細胞を培養して、拍動するものをつくることができます。心筋梗塞を起こした心臓の虚血部位、すなわち、細胞が傷ついているところに、この細胞シートを貼りつけると、ラットの心筋梗塞が治るということがわかりました。しかし、ヒトの心臓から採取できる心筋細胞は量的に不十分ですし、増殖させることが困難です。また、心臓のどの部分から細胞を採取するかという問題もあります。

そこで、足の筋肉にある筋芽細胞を代用することにしました。筋芽細胞は再生能力が高く、どこにあるかもわかっています。これを細胞シートにして心臓に直接貼りつけます。筋芽細胞が必ずしも心筋細胞になるわけではありませんが、生着した細胞は、心臓の壁面にとどまって、血管を誘導するＶＥＧＦ（血管内皮細胞増殖因子、Vascular Endothelial Growth Factor）やＦＧＦ（繊維芽細胞増殖因子、Fibroblast Growth Factor）といったサイトカイン（注4）を出し続けますから、周辺組織に血管が誘導されて、傷んだ細胞が元気になり、臓器の機能が回復するというわけです。

自己の筋芽細胞を直接心筋内に注射する方法については、すでに欧州で大型の臨床応用が行われているものの、注射をするときに移植細胞の九五％以上が失われるために効果が十分に発揮されません。そのうえ、不整脈になったり、大量の細胞を確保できないといった、数々の問題点が指摘されています。

共同研究者の澤芳樹先生（大阪大学大学院医学研究科外科学講座心臓血管外科教授）は、心臓への有効な細胞シート再生治療の開発を目指して、大坂と東京の間を七年間も行ったり来たりしながら研究（文献13）を進めてきました。そして、二〇〇七年に最初の患者を治療することができたのです。

（注4）細胞間の情報伝達を担うタンパク質分子。

その患者さんは二〇〇六年に病院へ来ました。拡張型心筋症という重い心臓病を患っていたために、澤先生は、左心補助心臓という人工心臓を取りつけました。これは体外型の人工心臓で、心臓移植までのつなぎに使われます。その後、一年半をかけて心臓移植のためのドナーを探しましたが、見つかりませんでした。そこで、澤先生は、細胞シートによる世界初の心臓再生治療を提案したというわけです。

その患者さんは、本人の筋芽細胞から作製された細胞シートの移植手術を受けてから、七カ月後には、人工心臓を取外せるまでに回復しました。それから五年が経過していますが、去年の再生医療学会に来て、元気な顔を見せてくれました。

しかし、どのような心臓病患者でも治せるわけではありません。その後、人工心臓を装着している四人の患者が細胞シート治療を受けています。そのうちの二人は完全に治って社会復帰もできましたが、一人は心臓移植をすることになりました。もう一人は、一度は人工心臓を外すことができたのですが、再び装着しました。人工心臓を装着しなければならないような重症患者の場合は、悪い筋肉全体を取替える必要があるのではないかと考えて、細胞シートを何枚も重ねて厚い組織をつくろうという試みを始めています。

細胞シートの安全性が確認されたので、人工心臓を装着していない患者にも細胞シート治療が行われています。これまでに二十人が治療を受けましたが、大きな有害事象もなく、それぞれに心筋の改善がみられています。二〇一二年の二月末には治験申請が受け入れられて、五月からテルモ株式会社による治験が始まっています。

11　細胞シートの積層化

心筋の細胞シートを重ねると、電気的に同期して拍動します。しかし、何層も重ねてゆくと、栄養が届かないところにある細胞は死んでしまいます。体内に移植した場合でも、細胞シートを三枚重ねた八〇マイクロメートル程度のところまでは生体内の血管とつながるのですが、それ以上になると壊死する部分が出てきます。

私たちは、細胞シートを何枚でも重ねることができるスタンプ型の積層機器（図３・３）を開発（文献14）しました。機器の細胞シート回収面にゼラチンなどの支持材を固定し、それを細胞シートの上にスタンプのように押して、

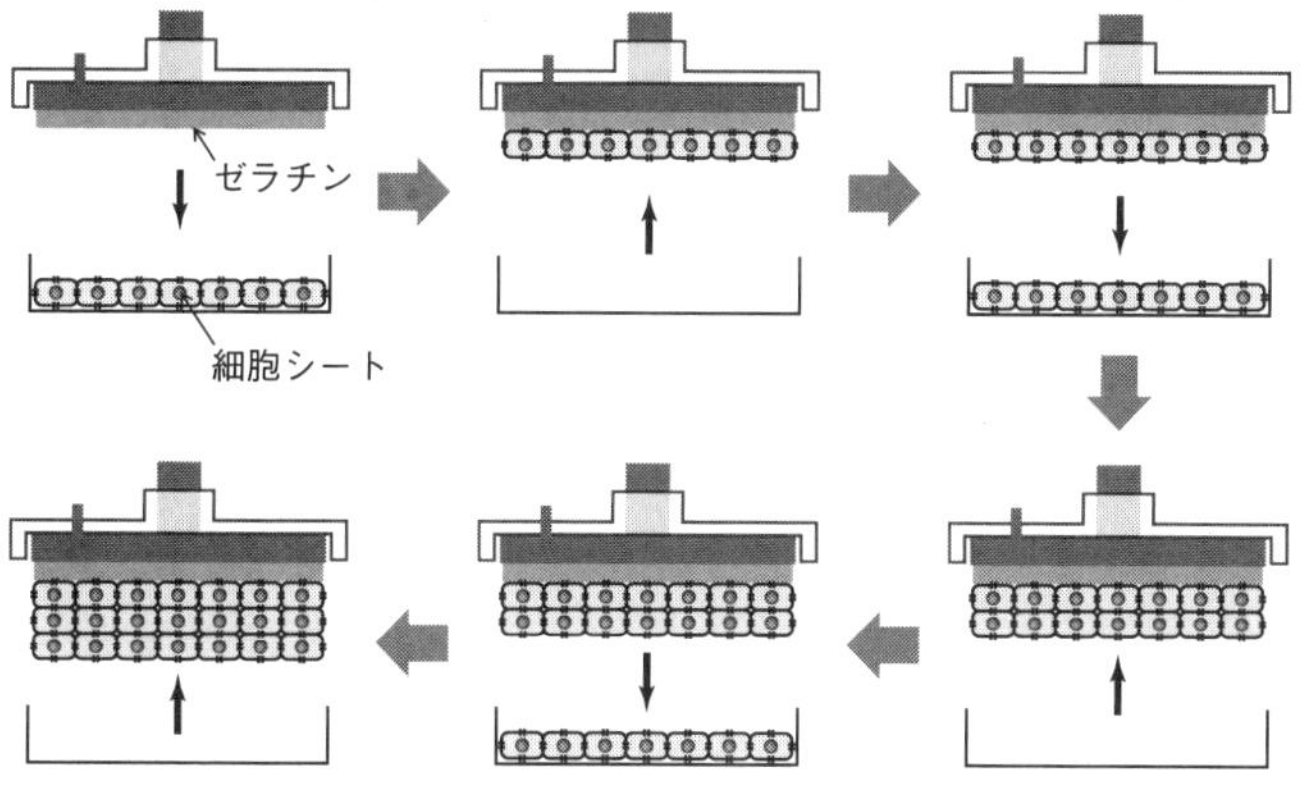

図３・３　細胞シート積層化技術

物理的に吸着させて二〇℃で細胞シートを剝がしながら積層化させます。これを繰返せばよいわけです。ゼラチンは三七℃で溶解して簡単に除去できますから、積層化された細胞シートだけが回収されます。

こうして作製された積層化細胞シート内で毛細血管網をつくることに挑戦しました。最初のアイディアは、マウスの心筋細胞からつくった三層の細胞シートの中に、血管内皮細胞という血管内面をつくる基となる細胞を少量混ぜておくことでした。すると、培養皿の中の細胞シート内に毛細血管網のようなネットワークができました。それをマウスに移植したところ、細胞シート内にできた血管とマウスの体内にある血管が五時間程度でつながり、移植片に血液が流れるようになったのです。

しかし、三層以上の細胞シートでは、やはり壊死する部分が出てきました。そこで、移植した三層の細胞

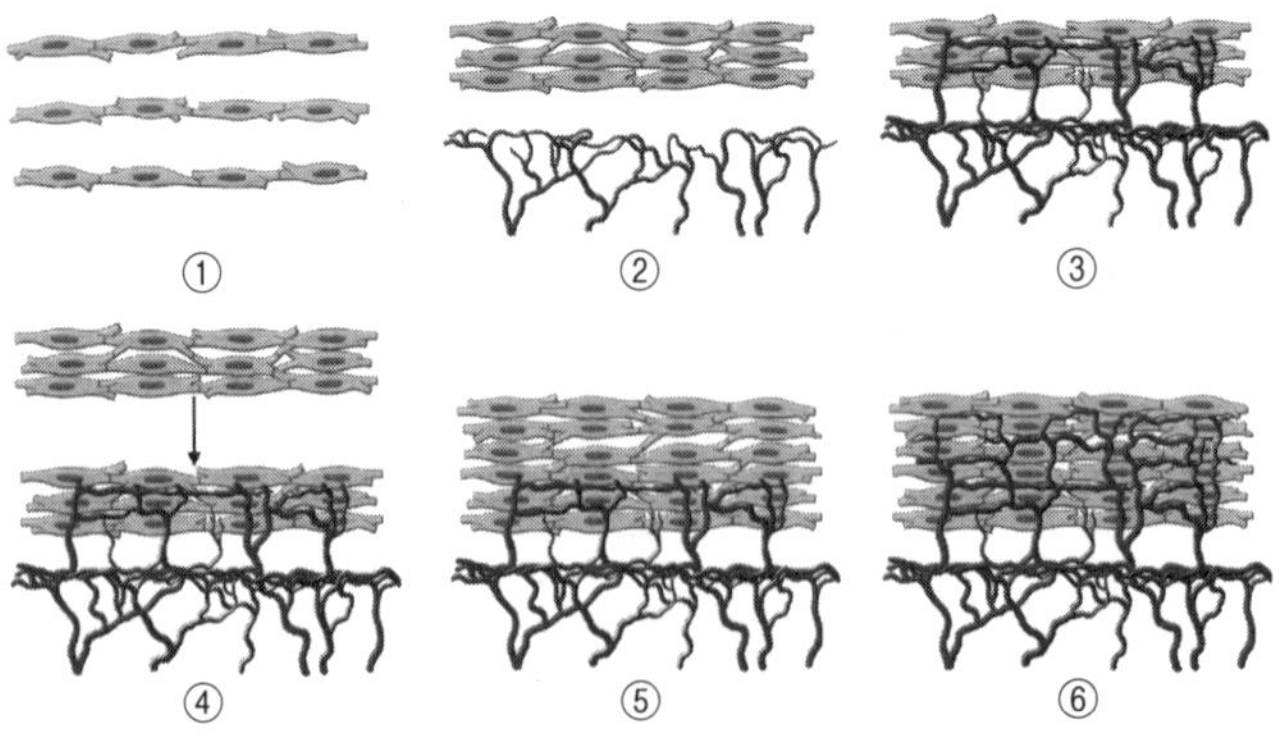

図 3・4　積層化細胞シート内に毛細血管網をつくる　出典: T. Shimizu, H. Sekine, T. Okano *et al., FASEB J.*, **2006**, *20*(6), 708–710.

シートで血管がつながるのを待ってから、次の三層の細胞シートを重ねてゆくという方法をとることにしたのです。この手順を十回繰返して、三十枚の細胞シートからなる厚さ約一ミリメートルの心筋組織をつくることに成功しています（図３・４）。

そうは言っても、同じことを患者の体の中でするわけにはいきません。私たちとしては、移植手術が一回ですむように、培養皿の中で厚い組織をつくりたいわけです。そのために、血液の代わりに培養液を流す還流培養装置を製作し、血管に見立てた流路基板の上で細胞シートを培養することにしました。数多くの試行錯誤を繰返しましたが、細胞シートの組織内に培養液が流れるようになりました。その装置の中では、体内より時間がかかるものの、五日ほど待ってから次の三層の細胞シートを重ねることで、細胞は生存し続けることができます（文献15、16）。

12　組織ファクトリー

細胞シートによる再生医療を大きく発展させるためには、組織ファクトリーのようなものをつくる必要があります。私たちの細胞シート生産施設では、年に四十個程度を生産することができますが、手作業に伴う汚染とヒューマンエラーを回避するために膨大な人員と煩雑な作業が必要です。生産工程を自動化できれば、規模にもよりますが、専用スペースは今の二十分の一〜二百分の一に

再生治療に使われる細胞

再生治療には，臓器・組織の元になる細胞を多数培養して，適当な（組織や臓器に近い）形に整えたものを移植する技術が必要です．酸素や栄養素などを組織に運ぶ血管も同時につくらなければならない場合もあります(p. 93，図 3・3 参照)．細胞から臓器や組織をつくる技術には，ハーバード大学で開発された高分子製の足場（スカフォールドとよばれている立体的な構造）を使う方法と東京女子医科大学が開発した細胞シート法があります．前者には術後不要になる足場の処理などに問題があります．

つくろうとする臓器に適した，本人の身体の細胞を用いる方法が現在の再生治療では使われます (表 3・1)．万能細胞とよばれている iPS 細胞（人工多能性幹細胞）は，どんな臓器でもつくれる可能性をもっているといわれていますが，目的の臓器をつくるための細胞にするためには，iPS 細胞の遺伝子のうちのどれを何時どれだけ働かせるか（遺伝子発現）を制御できなければなりません．ヒト胚の多能性幹細胞から臓器や骨・皮膚などの組織ができる過程でも，遺伝子発現制御が起こっているわけですが，その詳細はまだわかっていません．iPS 細胞から臓器をつくり出すための細胞を得るには，まずこの遺伝子発現制御が自在にできることが，大きな研究課題です．

本文中の説明にあるとおり，細胞は培養温度 37 ℃ 近辺だと支持膜の上で増殖してシート状になります．32 ℃ 以下にすると支持膜の性質が変わり，20 ℃ で細胞はシート状のまま支持膜から剝がれます．これはそのまま移植に用いることができます．

細胞シートを重ねて貼りつけ細胞の層をつくったものを移植に使うこともできます．この場合には，血管をつくらなければなりませんが，これも可能になっており，心臓病の治療などに用いられています．

元になる細胞の用意と細胞シートをつくる技術の両方が備わって，表のような再生治療がヒトに対して行われています．

表 3・1　細胞シートを用いた再生治療　　○: 臨床実験中　△: 臨床実験準備中

臓　器	元になる細胞	治療目標	
角　膜	角膜輪部細胞や口腔粘膜細胞	角膜上皮の再生	○
心　臓	間葉系肝細胞や筋芽細胞	拡張性心筋症または虚血性心筋症の治癒	○
耳	鼻粘膜細胞	中耳腔粘膜組織の再生	△
軟　骨	軟骨細胞	関節軟骨の修復再建	○
膵　臓	ランゲルハンス島細胞	新規糖尿病治療の実現	○
肝　臓	遺伝子修飾した高機能肝臓細胞	肝の再建	△
肺	繊維芽細胞	気胸の解消	△
歯	歯根膜細胞	歯周組織の再生	○
食　道	口腔粘膜細胞	内視鏡切除手術後の食道狭窄防止	○

減らすことができますし、生産能力は百～千倍にも上がるでしょう。自動化によってヒューマンエラーもなくなります。安価で高品質な再生組織が必要に応じていつでも供給されるようになれば、再生医療の産業化を促進します。何より、世界中のより多くの患者を救済することができるようになります。

13　おわりに

現在の医療は医師の腕に頼る部分が非常に大きいのですが、多くの医師に名医と同じ質の高い治療を期待するのであれば、それ相応の医薬品や医療機器を開発するテクノロジーが必要です。そのためには、新しいタイプの医師や技術者、研究者を育てることが大事です。これからの先端医療研究は、二十世紀の学問領域を超えて、幅広い知恵や技術を結集しなければ発展しません。

私たちの研究室では、現在、重症心不全患者の再生治療に加えて血友病や糖尿病患者の治療にも取組んでいますが、今後も、さらに医師と研究者が一体となって、さまざまな挑戦を続けていきます。

第4章　最先端研究の課題と展望

本書は、武田計測先端知財団が二〇一三年二月に行ったシンポジウム「つくって理解」の三人の演者（小林、木賀、岡野）が、講演を基に書き下ろしたものです。第4章に、そのシンポジウム中に行われた、三人の演者と、司会の財団理事長 唐津によるパネルディスカッションを再録し、最先端技術の抱える課題と展望をまとめました。

なぜ、つくって理解

唐津 はじめに、科学の方法と「ものつくり」の方法について少しお話しします。図4・1の上段左側に自然の事象があります。この複雑な自然の事象を細かい部分に分け、そのおのおのの部分を理解するための知識を得て、体系化してゆくのが科学の方法だと思います。

これに対して、「ものつくり」というものが世の中にあります。図4・1の下段のように欲しいものがまずターゲット（標的）としてあって、今まで培ってきた知識を組合わせてそれをつくり出します。このように、科学の方法で得られた知識を組合わせれば、欲しいものをつくることができると一般的には信じられています。実はこれはフィクションであって、そう都合よくはいきません。欲しいものがあると、それを実現できる知識は何だったのかなと逆向きに追いかけてゆき、必要な知識を集めてくるのです。それらを組合わせることによって、最終的に欲しいものができるというのが現実です。

今回の「つくって理解」というテーマは、物事を考えるときに、分析的な手法で物事をばらばらにして一つ一つを理解してゆくという、西洋科学のここ何百年かの伝統的な方法の優位性を認めつつも、それだけでは済まないことがたくさんあると考えて設定しました。私たちが普段生活をしてゆく中で、欲しいものがあり、それが今お話ししたような方法でつくられ、提供されることによって、私たちのクオリティー・オブ・ライフ（QOL）、大きくいえば人類の豊かさが実現されてきたと思います。

そうすると、私たちに豊かさをもたらすようなものがどうやってつくられるのか、どうやって実現されるのか、これが科学技術の方法とどう関係しているのかということが、考えたいポイントになります。そういう考え方が、実はさまざまな学問、技術分野において、

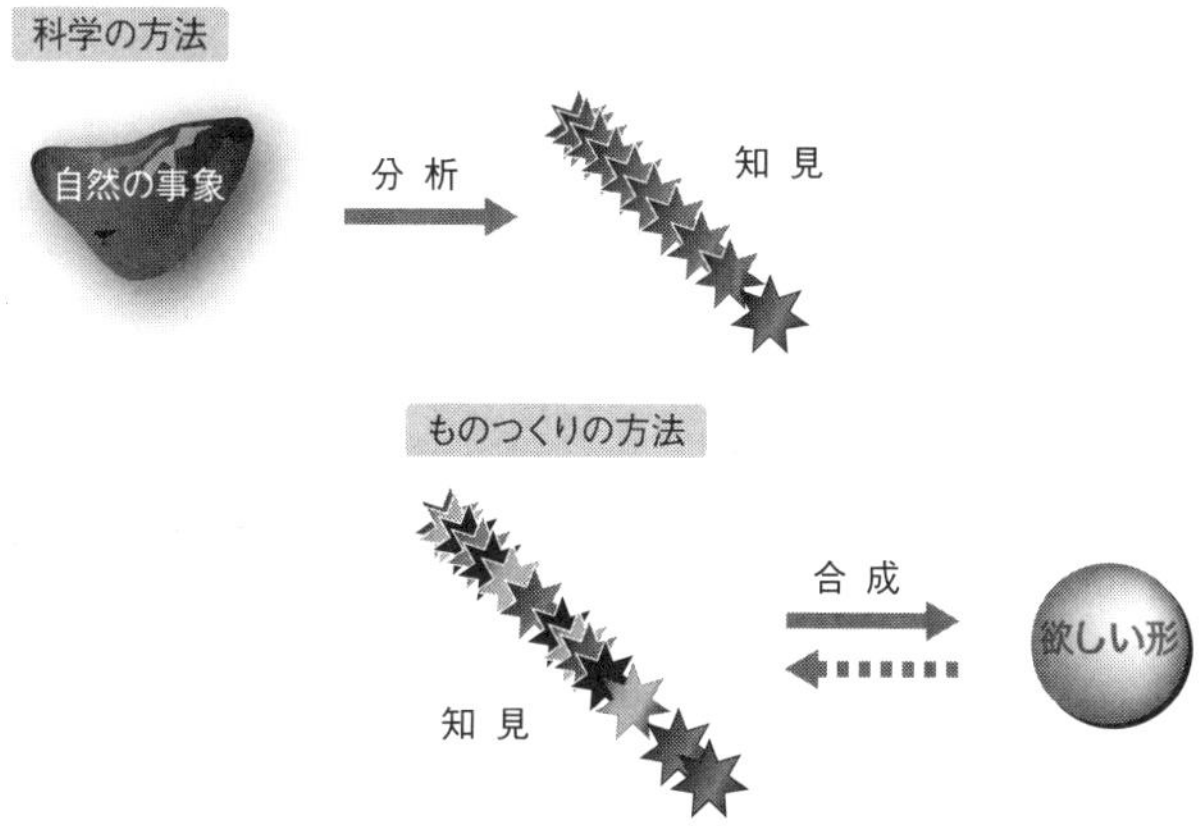

図4・1　“科学の方法”と“ものつくりの方法”

すでに実践的に行われていると考え、その代表選手として、三人の先生にお話しいただきました。

岡野先生は、お話の中でもたびたびご指摘がありましたように、実社会で必要とされているものを提供しないと駄目だという強い思いで、「細胞シート」というお仕事をしておられます。

木賀先生も、アミノ酸が二十種類ではなくて十九種類や二十一種類だったらどうなるのかという仮説的な課題を自分でつくり、それを現在あるものと比較することで、今あるものが本当にユニークでたまたまなのか、ありうる可能性のうちの一つなのかということを通じて、生命の起原を考えておられます。

小林先生のお仕事は非常に膨大なお仕事です。今日のお話では、素粒子論の基礎から全部お話しくださったので、時間が足りなくて申し訳なかったのですが、私たちが今日存在している一番根源になっている宇宙の構造を、どう理解してゆくのかを研究されています。ダークマターとかダークエネルギーという言葉が最後に出てきましたが、これが絵空事ではなく、天文学的な計測によって、そういうものを仮定しないと説明できないところまで知見が得られています。実際にそれがどうなっているのかを、非常に大きな実験装置を構成することによって自分の手の中でやってみる。それで確かに宇宙の開闢《びゃく》のときはこうだったという結果を得て、理論を確かめてゆくというお仕事でした。

いずれも旧来の科学技術の、分析をして知見を得てゆくということだけではなく、さまざまな方法を加えて、私たちの実際の生活感覚に合わせてゆく仕事の流れをどうやって実現してゆくのかというお話をしていただいたと思っております。

ほかの方のお話をお聞きになったうえで、補足的なご意見がございましたら、はじめにお三方にお話をいただきたいと思います。

二十世紀は物理学の世紀、二十一世紀は？

岡野　二十世紀は物理学が支配した世紀で、いろいろな原理が確立し、大型の仕組みがきちんとできる基盤として物理学ができて、その体系ができあがりました。生命という問題に対して本当に挑戦しなければならない二十一世紀に入ってくると、物理学では必ずしもわからない世界が出てきました。

小林先生から、最初の宇宙の発生からこれだけの時間が経っているというお話がありましたが、やはりあれだけ小さな要素までいって初めて、非常にシンプルな要素になって、相互作用が決まってくるという世界になっています。木賀先生の領域になると、原子より小さい世界から、原子の世界、さらに分子になり、ＤＮＡとかＲＮＡといった生体高分子もある程度つくれるようになっています。その分子のものすごい量の固まりが細胞なのです。その細胞が六十兆個集まって、私たちの体はつくりあげられています。ですから今日の小林先生の話からすると、とんでもない数の大宇宙がいくつも集まっているような世界が私たちの体なのです。宇宙全体が理解できないのに、私たちの体が理解できるはずがないと思いました。

ただ、わからないから、それでよいのかというと、私たちは目の前に患者さんがいるわけですから、病気の人をきちんと治さなければならないという使命があります。十年前にも二十年前にも医学は存在していました。二十年後も百年後も医学は完璧な医学ではないでしょう。百年後の医学から見ると、今の医学は百年前の非常にプリミティブな医学であっても、医学とは、その時代ごとに患者さんたちを一生懸命治してきたという歴史の繰返しなのです。ですから、壮大な宇宙が理解できないから人間は治さなくてもよいのではなくて、治していかなくてはならない。一〇〇％わかったサイエンスではなくても、やっぱり治さなければならないわけです。

それが物理学からくるセンスでいうと、非常に危険に思えてしまうのです。あれはやっていけない、これはやってはいけないというのが二十世紀の非常にプリミティブなサイエンスで、これが二十一世紀をがんじがらめにして止めてしまうことが、今、私たちの目の前の患者さんたちをきちんと治すための先端テクノロジーを発展させない原因になっていると思います。

個人情報保護が患者さんを治すことよりも重要になってしまったり、手術場で残った組織や臓器などが他の患者さんを治すための研究に使えなかったり、二十世紀にもっていた私たちの非常に小さな知識で二十一世紀を足踏みさせてしまっていて、結局は宇宙全体がよくわかっていないことを恐れるあまり、前へ進めなくなってしまっています。今日の小林先生の宇宙の発生からの話を聞いて全体をもう一度時間軸で整理をしてゆくと、まさに医学は、そういうところを彷徨《さまよ》っている学問なのではないかと思いました。

木賀　研究の時間スケールという意味では、おそらくお二方の中間にいるのですが、私はどちらかというと理学系、サイエンスのほうに重きを置いていると思います。そういう意味で、あと二十年ぐらい自分が研究を続けていって、自分が楽しむと同時に自分が何を社会に発信できるのかなということを考えているところだと、強く感じています。

たとえば細胞をつくって生き続けている人間の理想形としては、人の体を治すために役立つ細胞ができたらよいなという夢を語るわけですが、岡野先生のすごいところは、基になる細胞を採る組織を選ぶことで、細胞に特に何もエンジニアリングを施さなくても、もともと体の中にあった細胞からいろいろな組織がつくれることだと思います。

もう一つ、逆にもっと長いタイムスケールになってきたときには、私はどちらかというと、理学系でありながらつくることが大好きな人間でもあります。そういう意味で、五十億年後、人類が太陽系の外へ出ていこうとするとき、今の常識的な線から見える限界、大きさ・小ささの限界のほうから、新しい技術が生まれてくるかもしれないと思いながら、わくわくして小林先生の話を伺っておりました。

小林　岡野先生、木賀先生のお話を、分野は違うのですが研究者として非常にわくわくするというか、面白く伺いました。岡野先生も言っておりましたが、物理あるいは素粒子がわかったら、すべてわかるかといったら、絶対そんなことはありません。それは木賀先生のお話にもありましたが、階層性があるわけです。あるサイズの階層には、そこで成り立つ理論があり、階層が違うと、また違う理論があるわけです。

もちろんより深いところを理解すると、その上のレベルがわかるという構造がありまして、上のレベルに還元されるわけです。ですから、いくら素粒子のヒッグス粒子がわかったからといって、ではすべてわかるかといったら、それはとんでもない話で、けっしてそうではありません。そういう意味でいうと、私のやっている素粒子の話と、木賀先生のお話、岡野先生のお話は、階層というには余りにも違う話なのです。

知性はどのようにして生まれたのか

小林　もし時間があったら、どこかに後で組入れてもらいたいのですが、素粒子と宇宙の初めの話、生命の話、人間の組織の話に加えて私がもう一つ疑問に思っているのは、やっぱり脳というか知性の話です。知性がどのようにして生まれたのか。私たちが今ここにいて、なぜこういうことを考えているのかという疑問です。専門ではないかも知れませんが、私から見ると専門家に近いので、知性についてお二方の意見を伺いたいと思います。

岡野　人間は細胞が六十兆個集まってできているわけですが、二十種類のアミノ酸が細胞のタンパク質をつくっています。ですからものすごい数の組合わせができるわけです。

この組合わせがコンピューターでいうインプットとアウトプットと考えると、ものすごい記憶が生まれるようなネットワークが脳の中にはできるはずです。神経細胞の数の一個一個の組合わせのシステムで考えると、ちょっとした数の細胞でも、すぐ膨大な組合わせの数になりますから、ものすごい記憶量をもっていることになります。

私たちは今、いろんなチップを沢山つくっていますが、そのチップの細胞の並べ方まで全部支配しているような情報がこの頭の中に入っていると考えると、人間の脳の構造は支配する力がもう一つ上、あるいはもう二つぐらい上の階層で制御されていて、こんな膨大なことができるのだと思います。私たちが学生の頃の大型コンピューターが今は卓上のコンピューターになって、人間の能力の一部は代行しているのですが、まだ人間にはかないません。さらに未知のものに対する想像力まで含めて考えると、今のコンピューターシステムの階層はまだ低レベルの段階だと思っています。

しかし、チップを沢山集めて、できあがったチップのメカニズムまで全部わからないと、テレビやコンピューターをつくれないわけではなくて、チップの役割がわかれば、テレビやコンピューターはつくれます。ですから、細胞の役割がわかってくると、本当は組織レベルのものがどんどんできていかなくてはならないのですが、そこの学問を止めてしまったわけです。医学は解析する学問、どうして病気になるのかばかりに注目したために、細胞を集めて神経をつくるというような挑戦をしない学問になってしまいました。まさに先程の図で、わからないと組立てられないので、まずわかろうとするほうにばかり注目してしまった。そのために、合成側のプロセスが止まってしまった。二十世紀につくった縦型の学問フィールドこそが、二十一世紀の新しい世界の障害になっていると思います。私はそこをちゃんと再開する、階層的にものを見るということが、もっと融合的にできないと、未知のところまで理解できないのではないかと思います。

小林　脳のほうはものすごく難しくて、シナプスとか何とかで、私もよく知らないのですが、どんどん創造性ができるように、新しいものをつくってゆくというのは素晴らしいし、そのメカニズムというのは本当に知りたいと思います。

細胞シートに血管をつくる

小林　少し違う話ですが、細胞シートをつくって三次元的に厚くするという岡野先生のお話で、疑問に思ったのは、血管をどうやってつなぐかということです。三次元的に厚くするとうまく血管と血管がつながるメカニズムは誰が考えたのでしょうかということです。勝手につながるわけではないと思います。工学的にピタッと何ミクロンで合わせるわけではないですよね。どうやってつながるのですか。

岡野　三次元の細胞からつくった組織の中に血管をつくることは、私が世界で初めて可能にしました。酸欠状態になると、組織というのは血液が必要ですから、血管が伸びてゆくわけです。ですから、私たちが今つくった人工組織の中に、血管の内皮細胞を入れておくと、細胞シートをだんだん厚くしていって酸欠状態になったとき、血管の内皮細胞が動き始めます。そのときに、血液が流れ、酸素が流れているような流路をつくっておくと、血管の内皮細胞が毛細血管になってその流路につながるわけです。そうすると、血液とか培養液が細胞シートの中へ流れるようになっていきます。流れるようになると、ある厚さまで酸素と栄養分が運ばれてきますから、その上にまた細胞シートを乗せると、またつながっていって、どんどんどん厚いものをつくるということを、私のグループが世界で初めて成功させました。シャーレの中でも、コラーゲンの中に流路をつくっておいて、そこに培養液を流して、その上にある組織を乗せて、それでつないで、また乗せてゆくということを成功させたわけです。

小林　確かに、私たちの言葉でいう成長論のようなことを発見されたのは素晴らしいことだと思うし、それでうまくいくわけですね。でも素粒子的な方法論だと、どうしてそうなるのだろうか、そのメカニズムは何かということが知りたいわけです。血管がそこにあると知っているわけはないのですから、たまたま繰返して、試行錯誤でゆくのか、何かメカニズムはあるのでしょうか。

岡野　組織の中にも血管の内皮細胞という毛細血管をつくる細胞があるのですが、だんだん酸欠になってくると、自分の組織を守るために、どこかから血液をもってこないと成立しないものですから、毛細血管になろうとして動き始めるわけです。それを利用して人工的な流路とつなぐことができれば、血液をそこへ流すことができるということです。

血管の内皮細胞の中にはいろいろなレセプターとかリガンドとかがあるなど、さまざまなことがわかってきていますが、その細胞一個を人工的に構成することすらできない状態です。だとすると、それを上手に使うという方法論があってもよいと思います。

唐津　実は、脳の話題を今回のシンポジウムのテーマの一つに入れたら面白いかなという議論が準備段階でありまして方々に働きかけたのですが、スケジュール的にどうしても無理だという方ばかりで今回入りませんでした。

脳のシステムは、コンピューターで置き換えられるだろうと、皆さん簡単に思うのですが、コンピューターで置き換えますと、ものすごくエネルギーを使うのです。脳細胞をコンピューターだと思うと、熱をもっているなどということはなくて三十七度で動くことができています。ということは、脳細胞は圧倒的にさぼっているようなのです。ほとんどさぼっているのですが、必要なときだけポッと動いて、これだけの仕事をしている。そこが脳の非常に面白いところだと聞いたことがありました。

脳を分析的に調べるのはほとんど無理です。ですから脳に似せたようなことは、どうやったら実現できるかなということを脳の外側でまったく独立にモデルをつくって真似をさせてみて、本当に同じことができるかどうかを調べて、実は中はこうなっているのだろうと考えるという手法が、今は非常に成功していると聞いております。

先端研究の説明責任

唐津　少し話題を変えます。三人の先生方は皆様、非常にユニークなアプローチを取っておられます。しかし、細胞シートをつくって心臓に貼り付けてしまってよいのか、倫理的によいのか、安全なのかなどという疑問があります。人工の細胞をつくる、アミノ酸を十九個にしてしまう、そんなことをやってよいのか、神様に叱られるのではないかとか。CERN（欧州原子核研究機構）にしても、膨大なお金がかかっています。これから日本に誘致しようとしているILC（国際リニアコライダー）などにとんでもないお金を出す余裕があるのかとか、そういう疑問があります。

皆さんは非常にユニークなアプローチを取っておられるがゆえに、根も葉もない疑問もあるし、実はもっともな疑問もあるわけですが、先端研究の説明責任を明確にして、そういうこととある意味戦い、そういう人たちを説得しながら、今日までやってこられたと思います。そういうご質問をいろんな分野の方からいただいております。その辺りのご苦労をお一方ずつ順番にお話しいただければと思います。

岡野　心臓移植や腎移植といった移植という方法があります。それで多くの患者さんを治せます。健康な心臓とか腎臓は自分が脳死の状態になったら次の世代の人たちのために提供してもよいと皆が考えるようになれば、かなり多くの患者さんを治せるのですが、これは今議論になっている倫理問題とか、さまざまなことが障害となって、なかなかうまくいかない時代になっています。それなら一個の臓器から百万個の臓器をつくってしまえば、つまり一人が提供すれば多数の人が治るというサイエンスがあってもよいかなと私は思っています。現実に角膜の細胞を二ミリメートル角採って、角膜を一つ治せるわけです。ですから、角膜移植用の角膜一つをもらってくると、何千人かの患者さんが治せるわけです。そこまで倫理問題があるからやってはいけないなどと言っていたら、病気の子供たちとか苦しんでいる人たちは、救われる希望がなくなってしまいます。もし、小学校に上がる前にそういう治療で治してもらえる子がいたとしたら、その子はまったく普通の人と同じ教育を受けることができるわけです。

旧来の二十世紀のきわめて限られた自分の宗教観とか倫理などから、テクノロジーをよく理解することなく、そういう人たちの治療までも止めてしまって、治せる患者さんを治させないということがあります。昔あった魔女裁判のときにもきわめてプリミティブな罪を犯していたわけですが、百年後ぐらいの未来から現状を見たら、二十一世紀の初めに非常に優れたテクノロジーがあって患者さんを治せるのに、みんながそういうことを理解することなく、止めてしまったと思われるでしょう。今、人類はそういう罪を犯そうとしているという反省があってもよいのではないかと思います。

私のほうから見ると、やっぱり患者さんを治すということの重要性を強く感じます。ですから、両サイドで技術、その中身をよく知り合いながら、前へ進めてゆくということが重要だと私は考えています。

木賀　私はリスクとベネフィット（利益）というものを、徹底的に社会の皆様に発信してゆくということが重要だと考えております。幸い、自分たちが細胞をつくるということを考えて、今つくれそうなものを考えると、逆に天然の細胞はよくできているとつくづく思います。細菌にしろ、ヒトの細胞にしろ、とにかく生き残ること、細菌の場合は自分自身が生き延びること、ヒトの細胞であれば、個体であるヒトを生き延びさせるという面では、非常によくできていると感じております。

ですから、人工的につくった細胞が世界を支配してしまわないかということについては、悲しいことに「いや、しばらくは絶対無理です」と断言できてしまいます。逆に言えば天然の細胞がすごいのです。しかし、こういったテーマの話では、そういう研究をどれだけやってよいのかという話がよく出てきます。小さい意味では私、大きな意味では医学ということになると、重要なことは、技術を止めることは危険だということです。技術を止めて失うことと、技術を進めて得られること、それぞれにリスクとベネフィットがあります。こういうことに関して社会の皆様に判断していただくことが非常に重要であり、私たち科学者は、リスクとベネフィットの両面を発信していかなければならないとつねづね考えております。

いずれ税金を課すでしょう

小林　私たちの素粒子、いわゆる高エネルギー物理学は、とにかくエネルギーをできるだけ高くしたいということを目指す分野です。もちろん技術的にも、できるだけ開発努力をして効率よく安価に安全にということでやっています。ですが、どうしても限界まできていて結構大きな装置が必要になっていますが、ではそれで研究して何が得なのだと言われてしまいます。

もちろん今日のテーマにもありますように、「つくって理解」、この理解まではゆくのですが、つくって理解して、それを役立てるところまで具体的に示せと言われると、ちょっと困ってしまいます。あまり説明になっていないかもしれませんが、とにかく役立てるためには、まず理解しないとならないということをよく言うのですが、具体的にと言われると困るのです。

一八三一年に、マイケル・ファラデー（Michael Faraday, 一七九一－一八六七）が電磁誘導現象を発見してロンドン王立協会で発表しました。その当時の英国の財務大臣だかに、素晴らしい研究だけど、これをやって何になるのですかと聞かれたそうです。そのときファラデーは、「それは役に立つかどうかはわからないけれども、一つ確かなのは、いずれあなたはこれに対して税金を課すでしょう」と言ったそうです。まさに今では、電気のない時代というのは考えられません。

当時の電気、磁気は、時代の最先端だったわけです。それから数十年遅れて、やはり英国のＪ・Ｊ・トムソン（Joseph John Thomson, 一八五六－一九四〇）が電子を発見したのですが、たぶん同じようなことを聞かれて、同じように答えていると思います。電子の発見がなければ、今のエレクトロニクスはなかったわけです。五十年、百年というスケールで考えれば、役に立つかもしれないという感じなのですが。

インターナショナルでやらなければできない

小林　もう一つ言いたいのは、私たちの分野はいわゆるビッグサイエンスの典型というか、筆頭みたいに扱われています。まさにそうなのですけれども、歴史的には百年ぐらい前から、アーネスト・ラザフォード（Ernest Rutherford, 一八七一－一九三七）の実験で、原子にα線というのをぶつけて原子核の存在を示した。そこから始まって、原子核を壊す研究とかいろいろ進んで、そのたびに加速器のエネルギーをどんどん上げてきたわけです。

最初はもちろん原子核の研究などがありますから、いろいろな応用ができるので、国として進めてきたわけです。各国が国の威信をかけて研究していました。はじめは欧州が非常に優勢だったのですが、第一次大戦、第二次大戦の影響もあり、優秀な物理学者が米国に渡りました。戦後は米国がいわゆる素粒子の高エネルギー実験という意味ではほとんど主導権を握っていました。

第二次大戦後、数年経って欧州は、これではまずいと、ヒッグス粒子の研究で後に成功したCERNという研究所を、欧州の共同の研究所として一九五四年に設置しました。それは欧州の何千年という長い歴史で初めてのことで、今まで喧嘩ばかりしていた国々が結束して研究をやろうとしたのです。多分、基礎研究ですぐには役に立たない研究だからできたのではないかと思います。米国に対抗しようと、二十年、三十年とやって、米国を追い抜くところまでゆきました。

米国は、それはまずい、やはり米国は常に世界のリーダーでなくてはならない、素粒子の世界でもそうだ、ということで、CERNのLHC（大型ハドロン衝突型加速器）を超えるものをつくろうとしました。二十五年ぐらい前にSSC（超伝導超大型加速器）をテキサスの真ん中につくろうとしたのですが、予算が膨大なものとなってしまいました。基本的には米国の威信をかけていたのですが、予算が足りなくなったため、日本や欧州に協力を求めました。しかし、うまくゆかず、結果として、そのプロジェクトは頓挫してしまいました。それ以降、米国も予算をCERNのほうにもっていって、一緒にやりましょうということになりました。もちろん日本も、米国が参加する前に旧文部省（現文部科学省）からの予算で参加していますので、そういう意味では本当に世界中の人々が協力するかたちになりました。

私たちの分野は、これからは本当にインターナショナルでないとできないのです。先ほど唐津さんのお話がありましたけれども、日本に今誘致しようとしているＩＬＣ（国際リニアコライダー）というのがあります。ヒッグス粒子をさらによく研究しようということなのです。今までのＬＨＣは陽子・陽子衝突だったのですが、ＩＬＣは電子・陽電子衝突で、非常にきれいな実験ができます。ただ、ＩＬＣの前に、ＬＥＰという装置でやった電子・陽電子衝突実験がありまして、とてもよい成果を出したのですが、エネルギーをさらに上げてヒッグス粒子をつくろうと思うと、原発一基必要なくらいの電力が必要になってしまい、できないのです。それで、円形は終わりだということになりました。直線にすればエネルギーを無駄遣いしないので直線にしようとしています。ただ、直線にするとぶつけにくくなるので非常に難しいのです。そのためにテクノロジーの開発が必要で、加速器の研究者はこれを二十年ぐらいやってきて、何とか実現できそうだとなったのが最近なのです。日本にできるかどうかはわかりませんけれども、こういう基礎研究の面での国際協力を日本がやるということは、国としてこれだけ経済力がほかの国に比べたらあるわけで、米国はこの分野はなかなか厳しくなってきていますし、有形・無形の非常に強いインパクトがあると思います。

新しくつくれたらどんな世界になるか

唐津　やはりそこに使われている周辺技術というか、やはり世界中のトップレベルのハイテクを使っているわけで、そういったものの開発が基盤になる波及効果とか、非常に大きな影響が私たちのベネフィットとしてあると思います。

最後にこういう質問をさせていただきたいと思います。木賀先生のお話の中で、アミノ酸二十一種というのが一つのテーマとしてございました。これが仮に実現されるとなると、もしかすると、今私たちが見ている生命体系と違う生命体系ができるかもしれないという期待があるわけです。

宇宙のほうも、今、素粒子の体系を見せていただいたわけですが、もしかして、違う素粒子の体系を自分でつくってしまうとか、そういうことが思考実験的に可能だったら、どんなことが起こるでしょうか。岡野先生のお話でいきますと、治したつもりが、治しすぎてしまって、赤ん坊に戻るとは言いませんが、臓器はだんだん経年変化によって修復ができなくなって駄目になるという、生体としてのある種の宿命みたいなものがあるわけですが、これがひっくり返ることになるのだろうか、という質問をさせていただきます。

木賀　生物を活用するという意味では、古典的にはやはりどこかから何かを採集してきて、これは便利だからこれを使ってお酒をつくろうとか、そういう話がよくあるわけです。もしくは、こういうところから抗生物質をつくるものが取れるようになったというようなことがありました。それに対して新しくつくったほうがよいのではないかという、せめぎ合いがあります。今でも、いや、そんなのは天然物から取ってきたほうが早いよという話もありますが、私自身としましてはまったく違う体系をつくって、改めてつくり直すということは非常に有効だと考えております。

その根拠は、先程もご指摘くださいましたけれども、生物にありうる場合の数というのは非常に多い。そういったときは、頭の中で仮想的にこういったやり方ができるのではないかと思います。で、それをやっているものは世の中で見つかるかもしれないけれども、テクノロジーとしての生命科学のところには、つくったほうが早いということがあると常に思っております。組合わせの数が爆発している、すべてはそこに尽きます。

重力までを統一できそう

小林　別の素粒子をつくれないかとか、そういうご下問だったのですが、思考実験としては実はあります。先程ふれた（第1章36ページ参照）、力の統一ということについて、当然私たちは重力まで統一したいと思っています。ところが重力というのはものすごく難しいのです。ほかの三つの力は、ゲージ粒子ということで、大統一理論で統一できそうな感じなのです。それはなぜかというと、スピンが1だからです。

ところが、重力を媒介する粒子は、もちろん発見されてはいないのですが、グラビトン（重力子）と想定されて、それはスピン1ではなくて、スピン2でないといけないのです。スピン2ということは、ものすごく理論的に難しく、それを記述する理論はできていません。もちろん古典論としては、アインシュタインが一般相対性理論をつくってやっているのですが、まだ量子理論になっていません。

ですが、二十九年前、数学的には重力までも含みうる理論ができました。無矛盾というか、破綻のないことが証明されました。お耳にされたことがあるかもしれませんが、超ひも理論、超弦理論(superstring theory)というものです。これはまだ素粒子実験のほうには入っていません。エネルギーでいうと、今テラ電子ボルト(TeV)という領域をやっています。テラ電子ボルトというのは10^3ギガ電子ボルト(GeV)ですが、10^{19}ギガ電子ボルトのエネルギーが必要です。今より10^{16}倍ぐらい高いエネルギーにしないと、重力まで到達しないのですが、そこまでかりに到達して実験をやったとすると、重力も統一できるということになります。

その理論が、数学的にはこの二十数年間だいぶ検討されてきて、いくつかものすごい発展があったのですが、十年ぐらい前にある発展があって、ちょっと今行き止まっていると思います。大問題にぶち当たっています。それは何かというと、さっきヒッグスの真空というのがありましたけれども、それはこの宇宙の一番低い(エネルギーの)状態が真空というか、一つの宇宙を表しているわけで、そういう状態が理論的に何かというのを、ある程度探り出せるわけです。

そうすると、10^{200}だったか10^{500}だったたか、さっき木賀先生が、タンパク質の数が10^{260}あって、宇宙の素粒子の数よりも多いと自慢されていましたけれども、超ひも理論の予測する真空の数も、今のところそれぐらいなのです。それを絞り切れていないというのは、人間の知恵がまだそこまで行っていないからかもしれませんが、数だけでいうと負けていない。とにかくそれだけの真空があるいうことになります。それだけの真空があるということは、逆に言えば、それだけの宇宙がありうるというわけです。

宇宙は、無から何かがポッと生じて、それがインフレーションで大きくなって、あるところに落ち着くのですけれども、その落ち着く先が数限りなくあるのです。それでは、別の宇宙に行ったらどうか、それを私たちが実験するわけにいかないのでわからないのですが、当然別な物理法則があって別な素粒子があるかもしれないし、別な生命体があるかもしれないと思います。でも、以上はまだ物理学にはなっていない話です。

木賀　素粒子論が進んでゆくと、今私たちが触ることができない、ものとしては見えない、気づきもしないのだけれども、存在しているものがあって、そこに何か上手にエネルギーを取出すための理論とかいうのを考える人というのは、どれぐらいいるのでしょうか。さらに高いエネルギーを使って本当に素粒子を見たいという人が見たい、見たいがために自分でそのエネルギーをつくらなければならないというふうにして考える人って、どれぐらいいるのでしょうか。

小林　素粒子の人というのは、とにかく見たいわけです。だから、とにかくどんな方法、「力ずくで強引に」でも何でもよいから、そこに到達したいわけです。で、お金がないから、しょうがないから考えるというわけなのですが、実はそこでわかったことを広げようという、その両方のセンスをもっている人は、中には、いると思います。

細胞を上手く使う新しい医療

岡野　先ほどちょっとリスク・ベネフィットの話があったのですが、医学というのは、リスク・ベネフィットのほかに、人生観とか宗教観とか倫理観とか、そういうちょっと訳のわからないところも一緒に入ってくるので、リスク・ベネフィットでちゃんと科学的に理解できるような世界になるとよいなと思っています。人間が生きるというのは非常に大変な世界で、そういう中で、病気で困っている、治せない病気は、今たくさんあります。薬を一つつくるのに今は一千億円かかると言われています。二十世紀の病気の克服法、薬をつくって治していこうというやり方では、薬一個がなかなかつくれない。日本でもほんの少しの新薬しかつくれないわけです。そうすると、今治らない病気を二十世紀のやり方で治してゆくということでは、費用ばかりがかかってしまいできない時代になっているのに、法律で今までのやり方しか認めないとしてしまうと、治らない人は治せませんし、コストばかりかかってゆくことになります。そういう中で、私はやっぱり細胞が一つの有力な候補で、細胞を上手に使ってゆくと、もっと上手に治せるし、それを新しい仕組みでやってゆくほうがよいと思っています。

一番の問題は、医学というのはできあがっていることで、今の医学が医学であって、今、医学部でやっていないことをやるというのは異端になるのです。だけど、どっちが患者さんを治せるのかと考えると、二十世紀でやってきた方法では治せないのに、二十世紀の方法でやらないと、文部科学省が講座を認めてくれませんから、新しいことをやると、どんどんアウトサイダーになっていって、それで米国へ行かざるをえなくなってしまうわけです。

皆でそういう世界を直して本当に必要なことをやらなければならないのです。たとえば、医学部と工学部をリンクさせるなんていうのは、やらなくてはならないことなのです。ペースメーカーは、中国では自国でつくったものを何万人もが入れているわけです。そうすると日本の保険では高い米国のペースメーカーは買えないから、保険が適用されるのは中国製ですという時代に、あと何年かすると必ずなるわけです。今までのやり方で高価なペースメーカーを自分でつくらず輸入に頼ることは、自分のリスクを回避しているように見えますが、リスクを未来に先送りしているだけであって、自分がリスクを取らないということになっているわけです。日本人がやっぱりもう一度ちゃんとリスクを取りながら、治せない人を治しながら進んでいかなければなりません。

最後にスーパー人間みたいなのができるのではないかと心配するわけです。私は、結果としてできるのだったら、寿命がみんな百五十歳ぐらいになってもよいかなと思います。が、そうなるのには、また何百年もかかります。六十兆個の細胞を、どこかの少しの量を取替えて治しているだけでは、寿命をいじるところまでいかないわけです。ですから、心臓だけは新しくなりましたけど、今度は肝臓とか膵臓とか、ほかが駄目になることがあるわけです。

だから、六十兆個の細胞を全部修復して、しかもそのネットワークから、細胞のつなぎ方まですべてできるようになると、若返りというのは可能になるだろうと思います。それにはまた何百年か時間が必要で、その間、九十歳ぐらいまで生きて、ちゃんと眼が見えて、耳が聞こえて、ご飯が食べられて、健康に生きられて、老衰で死んでいけるような医学があるのが、私はよいと考えています。

唐津　皆さんもだいぶ安心されたのではないかと思います。

今日話していただきましたなかで、二十世紀の枠組みの中で仕事をしていては、二十一世紀は生きてゆけないということや、エンジニアだけが先走ってはいけないというメッセージや、国際協力の中でやっていかなければならないなど、いくつか重要かつ非常にマクロ的なメッセージも頂戴しました。

私ども武田計測先端知財団としては、私どもが今までお話をしてまいりましたモード2的(注1)なアプローチのようなことと、今回のシンポジウムのテーマが非常によく噛合ったなと思っております。このたびは本当にありがとうございました。

(注1)　モード2とは、マイケル・ギボンズが提唱したイノベーションの考え方。基礎研究から応用開発、実用化に進むというリニアモデルの考え方(モード1)に対して、問題を解決するために必要なことを探索し、基礎研究であれ、応用開発であれ、実用化であれ何でもやる、とする考え方。

あとがき

二〇一三年二月に開催された「武田シンポジウム2013 つくって理解―細胞から宇宙まで―」の内容を東京化学同人刊の『科学のとびら』として出版できたことを大変喜ぶとともに、できるだけ多くの方に読んでいただけることを願っております。

武田計測先端知財団は、地球上の全生活者の富と豊かさ・幸せを増大させる先端科学技術とアントレプレナー（起業家、起業家精神の持ち主）に光を当てるメッセージを発信することを目的として、故武田郁夫（タケダ理研、現アドバンテスト創業者）によって二〇〇一年に設立されました。財団の理念は生活者の視点に立った科学技術の振興にあります。そのためには、科学者・技術者によって創造された知を活用して、「もの」や「サービス」として生活者に届けようとするアントレプレナーシップ（起業家精神）が重要だと考えています。地球上の全生活者の視点を軸に、先端技術と社会のあり方やその方向性を探りながら、若い研究者や技術者を対象にした顕彰事業、「武田シンポジウム」や「サイエンスカフェ」のような普及活動、さらに、アントレプレナーと先端技術や科学技術の国際政策対話などに関する調査活動を行っています。

生活者の視点に立った科学技術といっても、何かの役に立つことを目的とした研究だけが価値があると言っているわけではありません。たとえば、第1章の「最高エネルギー加速器で宇宙の始めにせまる」は直接的に何かの役に立つことを目的としてはいませんが、価値のある研究だと思っています。いわゆる基礎研究とその応用についての議論で印象に残っているのは、二〇〇二年の武田賞受賞者のパネルディスカッションです。情報・電子系応用分野の赤崎勇先生、天野浩先生、中村修二先生、生命系応用分野の Patrick O. Brown 先生、Stephen P. A. Foder 先生、環境系応用分野の Charls Elach 先生、畚野信義先生、岡本謙一先生が参加され、財団理事の西村吉雄が司会を務めました。その議論の中で基礎研究についての議論もあったのですが、参加された八名の先生方が全員基礎研究は重要である、最初から応用を考えた基礎研究では新しいことが拓《ひら》けない、とおっしゃったのです。基礎研究とその応用の関係は複雑で、どのような関係にしたらよいのかはなかなか一概には言えませんが、両方の研究者を近くに置くことが大事だという結論に至りました。自分の領域をしっかりともった人同士の多様な相互作用が重要なのだと思います。

「つくって理解」という全体テーマの設定についてはプロローグでふれましたが、大きな流れとしては、二十一世紀になってますます複雑なシステムを相手にしなければならなくなったということがあります。物事を分析し解析して理解するという手法は部分的には有効だと思いますが、全体を理解するには別の方法が必要です。その方法を探るテーマが、「つくって理解」であり、「自己組織化」や「ゆらぎ」だったと思います。これからも、複雑なシステムを俯瞰《ふかん》的に見る一助となる考え方を提案してゆきたいと思っております。

二〇一三年十月

一般財団法人 武田計測先端知財団
理事・事務局長 赤 城 三 男

8. R. Sekine, M. Yamamura, S. Ayukawa, K. Ishimatsu, S. Akama, M. Takinoue, M. Hagiya, D. Kiga, 'Tunable synthetic phenotypic diversification on Waddington's landscape through autonomous signaling', *Proc. Natl. Acad. Sci. USA.*, **108**, 17969 (2011).

第3章

9. R. Langer, J. P. Vacanti, 'Tissue engineering', *Science*, **260**, 920 (1993).
10. K, Nishida, M. Yamato, Y. Hayashida, K. Watanabe, K. Yamamoto, E. Adachi, S. Nagai, A. Kikuchi, N. Maeda, H. Watanabe, T. Okano, Y. Tano, 'Corneal reconstruction with tissue-engineered cell sheets composed of autologous oral mucosal epithelium', *N. Engl. J. Med.*, **351**, 1187 (2004).
11. T. Ohki, M. Yamato, D. Murakami, R. Takagi, J. Yang, H. Namiki, T. Okano, K. Takasaki, 'Treatment of oesophageal ulcerations using endoscopic transplantation of tissue-engineered autologous oral mucosal epithelial cell sheets in a canine model', *Gut*, **55**, 1704 (2006).
12. T. Iwata, M. Yamato, H. Tsuchioka, R. Takagi, S. Mukobata, K. Washio, T. Okano, I. Ishikawa, 'Periodontal regeneration with multi-layered periodontal ligament-derived cell sheets in a canine model', *Biomaterials*, **30**, 2716 (2009).
13. S. Miyagawa, A. Saito, T. Sakaguchi, Y. Yoshikawa, T. Yamauchi, Y. Imanishi, N. Kawaguchi, N. Teramoto, N. Matsuura, H. Iida, T. Shimizu, T. Okano, Y. Sawa, 'Impaired myocardium regeneration with skeletal cell sheets—a preclinical trial for tissue-engineered regeneration therapy', *Transplantation*, **90**, 364 (2010).
14. Y. Haraguchi, T. Shimizu, T. Sasagawa, H. Sekine, K. Sakaguchi, T. Kikuchi, W. Sekine, S. Sekiya, M. Yamato, M. Umezu, T. Okano, 'Fabrication of functional three-dimensional tissues by stacking cell sheets in vitro', *Nat. Protoc.*, **7**, 850 (2012).
15. H. Sekine, T. Shimizu, K. Sakaguchi, I. Dobashi, M. Wada, M. Yamato, E. Kobayashi, M. Umezu, T. Okano, 'In Vitro Fabrication of Functional Three-Dimensional Tissues with Perfusable Blood Vessels', *Nat. Commun.*, **4**, 1399 (2013).
16. K. Sakaguchi, T. Shimizu, S. Horaguchi, H. Sekine, M. Yamato, M. Umezu, T. Okano, 'In vitro engineering of vascularized tissue surrogates', *Sci. Rep.*, **3**, 1316 (2013).

参考文献

第1章

1. ポール・ハルパーン著，“神の素粒子──宇宙創成の謎に迫る究極の加速器”，小林富雄 日本語版監修，武田正紀訳，日経ナショナルジオグラフィック社（2010）.

第2章

2. D. G. Gibson, G. A. Benders, C. Andrews-Pfannkoch, E. A. Denisova, H. Baden-Tillson, J. Zaveri, T. B. Stockwell, A. Brownley, D. W. Thomas, M. A. Algire, C. Merryman, L. Young, V. N. Noskov, J. I. Glass, J. C. Venter, C. A. Hutchison III, H. O. Smith, 'Complete chemical synthesis, assembly, and cloning of a *Mycoplasma genitalium* genome', *Science*, **319**, 1215 (2008).
3. D. Kiga, K. Sakamoto, K. Kodama, T. Kigawa, T. Matsuda, T. Yabuki, M. Shirouzu, Y. Harada, H. Nakayama, K. Takio, Y. Hasegawa, Y. Endo, I. Hirao, S. Yokoyama, 'An engineered *Escherichia coli* tyrosyl-tRNA synthetase for site-specific incorporation of an unnatural amino acid incorporation into its application in a wheat germ cell-free system', *Proc. Natl. Acad. Sci. USA.*, **99**, 9715 (2002).
4. A. Kawahara-Kobayashi, A. Masuda, Y. Araiso, Y. Sakai, A. Kohda, M. Uchiyama, S. Asami, T. Matsuda, R. Ishitani, N. Dohmae, S. Yokoyama, T. Kigawa, O. Nureki, D. Kiga, 'Simplification of the genetic code: restricted diversity of genetically encoded amino acids', *Nucleic Acids Research*, **40**, 10576 (2012).
5. D. G. Gibson, J. I. Glass, C. Lartique, V. N. Noskov, RY. Chuang, M. A. Algire, G. A. Benders, M. G. Montaque, L. Ma, M. M. Moodie, C. Merryman, S. Vashee, R. Krishnakumar, N. Assad-Garcia, C. Andrews-Pfannkoch, E. A. Denisova, L. Young, ZQ. Qi, T. H. Segall-Shapiro, C.H. Calvey, P. P. Parmar, C A. Hutchison III, H. O. Smith, J. C. Venter, 'Creation of a bacterial cell controlled by a chemically synthesized genome', *Science*, **329**, 52 (2010).
6. M. B. Elowitz, S. Leibler, 'A synthetic oscillatory network of transcriptional regulators', *Nature*, **403**, 335 (2000).
7. S. Yamanaka, 'Elite and stochastic models for induced pluripotent stem cell generation', *Nature*, **460**, 49 (2009).

さ　行

索　　引

あ　行

か　行

科学のとびら54

宇宙から細胞まで
最先端研究の現状と将来

二〇一三年一一月二二日　第一刷　発行

編集　一般財団法人
　　　武田計測先端知財団

発行者　小　澤　美　奈　子

発行所　株式会社　東京化学同人
東京都文京区千石三‐三六‐七（〒一一二‐〇〇一一）
電話　〇三‐三九四六‐五三一一
FAX　〇三‐三九四六‐五三一六

印刷　中央印刷（株）／製本　（株）青木製本所

 ISBN978-4-8079-1294-0